# 现代城市住区互动景观营造

## Construction of Interactive Landscape in Urban Residential Districts at Present

姚雪艳 著

中国建筑工业出版社

图书在版编目（CIP）数据

现代城市住区互动景观营造 / 姚雪艳著. —北京：中国建筑工业出版社，2012.4
ISBN 978-7-112-14148-7

Ⅰ.①现… Ⅱ.①姚… Ⅲ.①城市—居住区—景观生态建设 Ⅳ.①TU984.12

中国版本图书馆CIP数据核字（2012）第064034号

责任编辑：张文胜 姚荣华
责任设计：董建平
责任校对：党 蕾 赵 颖

**现代城市住区互动景观营造**
姚雪艳 著
*
中国建筑工业出版社出版、发行（北京西郊百万庄）
各地新华书店、建筑书店经销
北京嘉泰利德公司制版
北京中科印刷有限公司印刷
*
开本：787×1092毫米 1/16 印张：11 字数：248千字
2012年5月第一版 2012年5月第一次印刷
定价：65.00元
ISBN 978-7-112-14148-7
（22016）

# 前　言

针对现代社会人际之间、人与其他生物之间关系淡漠的现状，笔者呼吁人们从身边的居住环境开始，以平和的心态与他人、他（生）物交流，并从中体会身心愉悦感受的交互过程，由此构成的景观即是社会关系融洽、生态关系调和的互动景观。

在我国城市住宅房地产开发过程中，由于居民越来越重视住宅建筑外部空间及住区整体风貌的塑造，作为城市景观一部分的住区景观环境成为设计者、开发商、政府管理部门和居民的关注热点，城市住区景观规划设计也因此表现出丰富多姿的繁荣图景。然而，在这种表象的背后却是城市住区人文精神的缺失，许多居民将自己封闭在个人家庭的小圈子中，他们习惯于作为“住区入口—自家单元入口”一条线上的匆匆过客，无法融入并成为住区景观的一部分。事实上，当人们对邻居熟视无睹，对动植物置若罔闻时，景观设计师们所精心设计的住区景观是乏味、平淡、无意义的。在住区公共空间中，以人为主体的居住者的参与活动是住区景观的重要组成部分及特征表现。没有人及其他生物相互交流活动的住区景观必定是缺乏生气的，这样的住区景观很难给予居民一种“家园”所具备的社区归属感，也不能称为适宜现代人居住的景观环境，相反，人和生物的活动则可以使原本单调、平淡的景观场地产生极强的吸引力和凝聚力。本书基于现代城市住区景观建设中所出现的这一问题，提出了开展互动景观营建的理念和途径，并初步建立了针对城市住区互动景观的分析评价方法和指标体系。

互动性住区景观建设是人居环境建设的重要部分，旨在倡导人与人、人与自然生物之间平等、友好的睦邻共生关系，以此促进人类住区向美好、健康的和谐社区发展。如果住区居民之间的社区交流活动匮乏，住区生态群落中人与动植物之间的相互作用力苍白薄弱，这样的住区景观是不完整的，也是非健康的。所以，本书将景观建设与社区活动、生态环境建设联系起来，以“居民—居民”之间和“居民—植物”、“居民—动物”之间的互生共栖关系作为我国现代城市住区景观营造的楔入点，提倡“人与人、人与动物、人与植物”之间相互作用、自然和谐的社区景观环境。

与多数欧美国家不同，在我国现代城市住宅建设中，普及量最大的是中、高密度住宅。相对于低密度住区，中、高密度住区拥有更高的人口密度，但其生存环境条件也较为低劣。如何通过景观设计来改善这类居住区的内部环境，促成住区景观环境向更加健康、可行、有实效的方向发展，是我国住区建设中一个相当重要而紧迫的问题。

本书的基本思想是以整体、平等、互生的视点看待城市住区内从人到动植物的所有居住成员之间的关系，在此基础上重新审视和分析城市住区的生态景观环境，用现代景观规划设计手法为城市住区营造不仅具有艺术性与审美效果，而且有助于促进社区交往和生态互动的景观环境。

全书共分 6 章，第 1 章介绍直接相关的背景知识及“互动式”住区景观规划设计的基本概念。第 2~4 章分别从景观规划设计者、开发商、居民的不同视角出发，讨论如何因势利导地开展住区互动景观建设，以促成“人—人”互动、“人—植物”互动、“人—动物”互动。第 5 章介绍如何通过使用者居民的信息回馈和使用评价，获取住区互动式景观建设的第一手资料和改进方向。第 6 章综合分析并提出住区互动式景观营建的基本步骤。

本书的写作离不开许多业界老师和朋友的鼓励和帮助，离不开家人的关心和支持，特在此深表谢意。由于水平所限，书中难免有错漏之处，欢迎同仁批评指正。

# 目　录

# 第1章　绪　论

## 1.1　现状：流于形式的景观设计充斥业界

随着我国住房制度改革的深入和住宅房地产开发的日趋成熟化，居住区的景观环境成为居民购房的重要因素，而开发商也投其所好地在景观建设上大做文章，住区景观呈现出一派争奇斗艳的繁荣景象。客观上讲，这种局面促进了我国住区景观设计和建设行业的发展，但过速流行的风潮必然也会造成一些负面影响，突出表现在景观物质空间的形式化和社区归属感缺失两方面。一方面，从现代城市住区景观建设整体来看，景观设计者津津乐道于美学原则、构图要素，住区景观环境则呈现出形式化、贵族化、欧美化的景象；另一方面，城市住区内部孤独（与子女分居的老人）或遁居（身心疲惫的工作者）住户日渐增加，而邻里关系却趋于冷漠，城市居民与自然生物的距离也变得遥远。

于是，许多居民们在感慨“住区环境越来越漂亮了”之余，逐渐萌生出一种若有所失甚至是陌生的感觉：很多居民只是“住区入口—自家单元入口”一条线上的匆匆过客，却无法融入并成为住区景观的一部分。当人们对邻居熟视无睹，对动植物置若罔闻时，景观设计师们所精心设计的物化的住区景观是乏味、平淡、无意义的。

在国家住宅与居住环境工程技术研究中心针对我国住区展开的一系列研究调查中，也指出现代住区景观环境建设中的若干问题，如“绿化系统追求景观需求有余，满足生态需求和消闲需求不足；住区封闭性和住区匿名性加剧了人际关系淡漠”。可见，住区景观建设中，由于对生态环境及社区互动交往环境的忽略，同样影响了住区景观环境的健康发展。

## 1.2　思考：重新审视住区景观与居住者之间的关系

### 1.2.1　居住者及其活动对于住区景观的意义——生动的组景要素

造成住区景观缺乏生气的重要原因，在于住区景观建设的参与者们大都倾注心力于景观物质实体的塑造，往往忽略了居住者及其使用活动是构成居住区景观的重要组成部分和特征元素，而缺乏对使用者行为及精神需求考虑的景观设计作品无法与居住者的生活理想取得共鸣，自然无法保持长久的生命活力。

在现代城市住区中，共同栖息于外部空间的居住者生物体并不仅限于人，还有众多人们或熟悉、或生疏的住区植物和小动物，它们同住区内的其他景观元素共同构成了完整且富有情趣的住区景观，而人、植物、动物之间的交互活动更是住区景观空间生机和乐趣的来源。

因此，从城市住区景观建设的规划设计者、开发商、政府管理部门，到使用者（居民），不应将眼光停留在住区景观的物质实体本身，不仅需要认真分析当今的城市和聚居环境问题，了解和预见社会及居民的实际和潜在要求，增强居民大众对住区景观的认同感和利用率，还要学会更多地关注住区中的人、动物、植物等所构成的生态关系，并通过景观建设去促进这种生态关系的健康发展，最终形成住区内所有居住者（人、植物、动物）之间积极互动的和谐社区。

### 1.2.2 住区景观对于居住者及其活动的影响——塑景与塑人

住区景观不仅仅表现于其美学特征及其赋予观赏者的愉悦感，住区景观营建的目标还在于：通过景观环境的塑造来影响参与者或使用者的心态和行为模式，引导住区居民对住区景观的需求向更高层次发展。这种能够影响居民活动的景观势必具有更为强大的感染力，从一定程度上也印证了中国国学大师王国维的“一切景语皆情语也”。居民对住区景观环境的需求由初级向高级排列如下：

（1）个人需求：倡导居住环境的“舒适性”。希望优美的、赏心悦目的、可放松身心的住区景观。

（2）“人—人”交往的需求：有归属感的社区。追求人人参与、和睦共处的家园感受。

（3）“人—植物—动物”和谐共处的需求：生态和谐的住区。住区内的生物——人、植物、动物之间和睦栖居于同一家园。

可以看出，居民对住区景观的高层次需求，体现于人对待住区内其他生物的态度及由此而生的相互交流活动。缺乏“人—物”互动的住区是没有活力和生气的，这样的住区景观缺乏地域认同性，很难赋予居民一种“家园”所具备的社区归属感，也不能称为适宜现代人居住的景观环境。相反，人与人、人与生物的活动则可以使原本单调、平淡的景观场地产生极强的吸引力和凝聚力。以“人”为主体的住区参与性活动是衡量住区景观建设成功与否的关键，也是住区景观规划设计不同于其他景观规划设计的重要特征。

## 1.3 城市住区景观环境的特殊性

### 1.3.1 普及量大

在城市绿地系统中，住区景观空间的普及量相当大，城市中居住用地的比例占城市建设用地的 20%~32%，而居住区中的绿地率在 30% 以上，所以，居住区绿地面积在城市建设用地中的比例已有 6%~9%，接近于城市公共绿地的总和（城市绿地作为城市建设四大类用地之一，在城市建设用地中的比例为 8%~15%）。由此而来，居住区景观空间的建设对于城市整体景观空间的构成有重大意义。

### 1.3.2 住区景观空间与城市内部其他景观空间的异同

与城市内其他类型的景观空间相比，住区景观空间的使用人群相对固定，与居民的关系最为密切，有利于组织居民活动，居民在住区内的活动更随意、轻松、安全，也最容易借此培养居民的社区归属感（参见表 1-1~ 表 1-3 和图 1-1）。

**住区景观空间与公园内景观空间的异同　　表 1-1**

| | 住区景观 | 城市公园景观 |
| --- | --- | --- |
| 相同点 | 在特定区域有较为固定的使用人群，需设置多种功能的景观空间，如儿童活动场、老人休闲地等 | |
| 不同点 | 受“购房买环境”观念的影响，对景观环境重视程度提高：精细化 / 个性化 | 大多为城市政府出资建造的公共活动场所：较粗放 / 大众性 |
| | 景观尺度较小，熟识人、植物和动物的可能性较大，产生互动活动的可能性较大 | 景观尺度较大，熟识人、植物和动物的可能性较小，产生互动活动的可能性较小 |
| | 接近居民，方便就近使用 | 居民需行进一段距离方可到达 |

**住区景观空间与城市街头绿地的异同　　表 1-2**

| | 住区景观 | 城市街头绿地 |
| --- | --- | --- |
| 相同点 | 均位于城市内部人口密度较高地带，土地稀缺且地价较高 | |
| 不同点 | 使用人群相对固定，具有较强的安全感 | 使用人群混杂，硬质场地所占比例较大 |
| | 内部噪声小，安静，较易营造特定的景观环境氛围 | 较嘈杂，难以在小空间构筑自然式景观的氛围 |
| | 可长时逗留，容易产生社区归属感 | 短时停留，难以形成归属感。景观设施易损耗 |
| | 接近居民，方便就近使用 | 居民需行进一段距离方可到达 |

**住区景观空间与私家庭园的异同　　表 1-3**

| | 住区景观 | 私家庭园 |
| --- | --- | --- |
| 相同点 | 均为居民居家休闲使用 | |
| 不同点 | 面积较大，较易营造特定的景观环境氛围 | 面积较小，难以在小空间构筑自然式景观的氛围 |
| | 相对大众化（适应住区内人群） | 个性化 |
| | 适宜公共活动，景观设计应兼顾个人与公共活动的可行性 | 适宜个体赏玩，景观设计偏重于个人的审美倾向 |

图1–1 香港淘大花园：居民缺少活动空间（左图），只能借助于邻近的街头绿地（中图）甚至高架桥下的空间（右图），景观空间的环境质量和亲和力大为降低

### 1.3.3 使用者需求与互动景观设计对策

考虑到城市住区景观环境的特殊性和居民对于互动景观建设的需求，完全可以城市住区景观建设为据点，将互动景观建设活动这一先导理念推广至其他公共空间的景观塑造中（见表 1–4）。

现代城市住区（中高密度）户外环境特殊性与互动景观建设之间的关系 表 1–4

| 出发点 | 现代城市住区外部环境的特殊性（使用者的需求） | 互动景观建设的重要性（住区景观设计对策） | 景观效果 |
|---|---|---|---|
| 活动 | 城市居民工作忙碌，缺乏初级交往 | 促进社区公共交往活动的户外景观空间。尺度亲切、适中、忌大，室外设施及室外家具充分 | 公共性 / 人性化 |
| 生态 | 人口密集，自然（生态）环境相对恶劣 | 发挥住区景观环境的生态改良作用 | 原生性 / 自然度 |
| 特色和风格 | 城市居民（业主）深受现代文明及购房保值观念的影响，对景观设计精细度、艺术性等方面要求提高 | 景观设计讲求简洁、精致，而非过于野性和粗放。存在较明显的人工痕迹（如：植物配置突出块面效果 / 抽象图案 / 色彩对比 / 光影效果等） | 现代感 / 艺术性 |
| 教育 | 使用者可较长时间或频繁接触特定空间 | 有充分的时间观察动植物生长及变化繁衍过程，培养居民（特别是儿童）对自然界的爱好 | 启发性 / 趣味性 |
| 高视点景观 | 需加强中高层住户与外部景观环境之间的联系 | 适当增选高度较显著的植物（或植攀援植物），使宅内居民尽可能接近自然；<br>地形处理，增加人与室外动植物的接触面；<br>在住区内适量饲养鸟类，使宅内居民也能感受自然 | 自然度 / 艺术性 |

## 1.4 几个基本概念

### 1.4.1 “社区”

从社会学角度看，城市住区类似于生物群落（Community），而这里所强调的即是生物群落的交互作用，及“人”与“人”之间的和谐共处，是一种可持续的住区景观。而居民（人）是住区中的行为主体要素，具有很强的能动性，对于促进“人—人”、“人—植物”、“人—动物”所构成的住区互动景观有着直接、重要的作用。

在城市建设史中，社区（Community）概念的出现和社区运动的展开出现于19世纪末20世纪初的美国，在对于社区问题的讨论中，人们意识到了“人”与“人”的交往活动对于住区建设的重要意义，并采取了一系列措施（如“人车分离”、“邻里单位”等）来鼓励“人”的活动，培养和谐、融洽的居住共同体。

事实上，“社区（Community）”一词并非单纯指“人—人”构成的团体，它还有生物群落的意思，而本书内容即是泛指“人”、“植物”、“动物”所构成的住区生物群落，通过景观环境设计在住区内部有意识营造适于多种生物生存的整体空间和局部小生境，如生态水池、小面积湿地、生态林地等。但在设计时还必须考虑现代城市住区的特殊性，使这样的区域也适合居民的进入、观察、欣赏等，从而带动人对于自然界生物的爱好和关注，达成人与自然的和谐共栖。这样的住区也会因其适应了现代城市的可持续发展需求而更具生命力。

“社区”同时又是一个具备时间性的概念，它不是与生俱来的。只有当生活在一定空间范围内的居住者们经过一段时间的磨合共处并相互熟识之后，他们之间才有可能产生亲睦友善的感情，居民头脑中才能逐渐形成“社区”意识。所以，新建成的住宅区是不能称为社区的，本书以物质实体形态的城市“住区”为论述的重点对象，但其宗旨仍是为建设居民精神意识中的和谐“社区”。

### 1.4.2 “互动景观”

“景观（Landscape）”一词最初与风景（Scenery）等同，是一个视觉审美意义上的概念。自美国纽约中央公园的设计者奥姆斯特德（Frederick Law Olmsted）提出景观建筑学（Landscape Architecture）的概念之后，景观与城市人造环境有了更多联系，并被赋予了更多社会学、生态学涵义，使用者活动情况成为评价公共空间景观设计的重要指标。现在，不仅有很多景观行为艺术设计者创作出令人耳目一新的作品，更有相当数量的景观设计者意识到公共空间使用者或参与者的特殊意义，并将人（群）作为景观设计的组成元素予以着重考虑。由此，本书将住区内的“人”及“动物”、“植物”等生物体同视为景观空间的组成元素。

“互动”这一概念的提出，旨在针对现代社会人际之间、人与其他生物之间关系淡漠的现状，呼吁人们从身边的居住环境开始，以平和的心态与他人、他（生）物交流，并从中体会身心愉悦感受的交互过程，由此构成的景观即是社会关系融洽、生态关系调和的“互动景观”。

另外，基于人这一生物体的特殊性，较其他生物具有强大的主观能动性，故能在互动景观营造中起主导作用。本书提出的“人—人”、“人—动物”、“人—植物”互动活动均强调了人的能动性，以人为主体带动住区的互动景观营造行动。

### 1.4.3 范围的界定

从中国国情看，绝大多数的城市人口密度大，多层、中高层、高层住宅在城市中所占比重远远超出低层住宅；从全球范围看，自1996年在伊斯坦布尔举行的联合国第二次人类住区大会上，将城市发展的方向明确为“综合密集型城市”，即使在人口密度低的欧美国家，也极为重视对城市住区的紧凑型开发模式。因此，本书涉及内容偏重于我国城市中、高密度集合住宅区的景观空间，尤指住区内部除建筑实体空间以外的其他空间内容，涉及绿化及水景空间、硬质场地、道路空间以及建筑屋顶、架空层部分、平台空间等建筑外部空间。

从大范围讲，住区互动景观营造考虑的是如何调整和改善住宅（群）与住宅（群）之间、单体环境与住区整体环境之间的互动关系。本书也从住区景观建设的细节入手，设定互动景观营造的实际措施。这样的内容设定更切合我国城市住区建设实情，有较强的现实意义。

## 1.5 国内外住区景观现状与发展动态

在欧美多数国家，社区建设一直是很多行业的关注热点，特别是随着旧城中心衰落、都市蔓延生长，出现了不少意图通过景观建设复兴旧城居住社区活力的实例。

比较具有同类参考价值的地域多为居住密度较高的国家或地区，如日本、中国香港、中国台湾、新加坡等。

### 1.5.1 欧美国家住区景观建设现状及发展动态

在欧美发达国家，住区生态环境和社会环境方面的内容是很多学者的关注对象，但因欧美地区的居住形态大多属低密度或分散布局，有关居住景观的内容大多偏重于住宅庭园类型，并不一定能直接应用于中国城市中、高密度集成住宅区的特定环境。

在美国，房产商们早已意识到景观设计为住区开发带来的增值效应。如This Old House杂志称，“适宜的景观营造可以使地产增值达20%”。根据树木栽培国际协会（International Society of Arboriculture）出版的《植物评价指导（Guide for Plant Appraisal）》：“在同一地区的相似地产中，如果景观环境优良，其售价可能高出4%~5%以上；而如其景观环境不如其他房产，其售价会低8%~10%。”尽管景观设计具有潜在的经济价值，但相关内容大多为私家宅园设计。在集成住宅区方面，因数量不多则论述极少。对于低密度的小住宅区而言，景观建设特点在于借自然之景，现自然之貌，人工化痕迹较弱。

德国的住宅建筑设计素以讲求生态性和技术式著称，他们也将这种优势融入居住区的景观环境规划设计中。和独立式小住宅一样，德国的集成住宅区也偏好选址于风景优美之地。由于外部环境佳，居住区的内部环境并不张扬，以自然野趣与外部风景协调；即使选址于风景较为平淡处，其景观设计也表现出与建筑设计类似的简练和精密感，不落俗套。

自20世纪70年代起，欧美国家有更多的景观设计师关注住区景观设计中的“生态设计”原则。如“反映生物的区域性”；“顺应基址的自然条件，合理利用土壤、植物和其他自然资源”；“依靠可再生能源，充分利用日光、自然通风和降水”；“选用材料的循环使用并利用废弃的材料以减少对能源的消耗，减少维护的成本”；“注重生态系统的保护、生物多样性的保护和建立”；“发挥自然自身的能动性，建立和发展良性循环的生态系统”；“体现自然元素和自然过程，减少人工的痕迹”等。

### 1.5.2 亚洲部分国家住区景观建设现状及发展动态

日本是一个人口高密度的国家，特别在东京、大阪、横滨等大都市地区，居住密度相当高。因此，对于居住环境建设也相当重视。但由于土地私有化，很少有开发商能从事类似于中国城市所盛行的大规模成片住区开发。在城市市区内部，除了大量存在的、面积很小的私家地产之外，也有一些公共住宅地。这类公共住宅地大多为高层甚至超高层建筑，例如位于东京都江东区丰洲运河畔的姊妹塔楼达36层，其住区环境只能利用裙房及停车场屋顶平台建设。设计者提出“城市中心的绿洲——水与绿茵”的口号，力求在这样的高度人工化的地区为居民尽可能多接触自然提供方便；在横滨市都筑区茅崎东的港北卫星城有一处相对大型的住区（占地5hm$^2$）——“亿欧”，其景观设计是利用原有斜坡林地建“自然”园林。景观设计师很重视居住者在景中的感受是否舒适（人与景的互动），以及由此而提升的社区氛围（人与人的互动）——“当你置身于花坛庭园，散步在自然林中时，所能感受的就是宽敞的空间在流动。在对住户的采访报道中，也充分地显示出住户对空间的挚爱和齐心协力创造出更加良好的环境的渴望。”（景观设计师户田芳树）。在设计中，特别提到对住区植物、动物与人的交流活动——“为了增加接触动物的机会，利用采伐木建造了一些可供动物歇息的小设施。”“由于通过播种的方式，不断地更新花的品种，这里已成为人们观赏各种来访蝴蝶的最佳空间”（清水达也）。住区外部环境还引进了约20种野草，设置了可供孩子和家长们聚会的棚架游戏地，并特别设计了可供居民交流活动的休息空间，“为了方便这种交流活动，在这里修建了可以放东西的石墙”（清水达也）。此外，该住区还特别成立了确实有效的“亿欧绿色俱乐部”，通过志愿者活动带动整个住区景观环境的生命力。可以看出，日本在集成住区景观建设中是比较关注动植物及人之间的互动关系的。日本京都造型艺术大学环境设计系佐佐木叶二在《谈谈民间公共住宅中的公共性》也提到，城市型公共住宅中的景观应能“提高生活者的活力和创造生活方式”。

新加坡是“世界最适宜居住的城市”之一，而其住区的居住密度与中国许多大城市不相上下。如何在高密度地区建设“宜居”环境？新加坡的住区景观规划设计也有许多可资借鉴之处。新加坡的集成住宅底层大多架空，不仅有利于通风、遮阳、避雨、防潮和增加视觉通透性，也为社区居民提供了交往场所。据《房地产时报》介绍，新加坡的住区景观规划有四个特点：（1）小区绿地与外围绿地、公园连成一体，予人连绵不断、绿荫无边之感；（2）注重立体绿化，变高楼为“空中花园”，并绿化阳台、屋顶、车库顶面，美化视觉效果；（3）尽可能利用原有自然地形，保留绿地及大树；（4）强调景观营造的人性化和实用性，强调绿化可达性，少建不实用的“水景”。

### 1.5.3 我国港台地区住区景观建设现状及发展动态

我国香港和台湾城市中心居住地区均属高密度住区的典型，两地在这类高密度住区景观建设中都具有一定的特色，由于所处气候带相似，在住区景观规划设计又存在着相似之处。有关两个地区的住区景观建设情况，将在本书中以案例形式引出，这里仅以台湾地区为例简述。

台湾地区的高密度集成住区大多规模较小，所谓住区景观绿地常常就是由几幢住宅楼围合而成的内敛空间。也正因这种景观空间的面积小，其景观设计做得很精致，使有限的住区景观空间颇具情趣，同时也得以吸引更多的居住者停留和游玩于这些户外空间，提升社区的亲和力和归属感。

台湾锡口环境绿化基金会景观组组长李中原在《世纪末看城市景观》中强调了景观专业的任务不应是形式的堆砌或自我主义的“天才”和“英雄”梦想的表现。他指出，景观专业者“不应是取悦业主以获得丰厚酬劳者，不应沦为划地自封，缺乏环境关怀的景观商品制作者”，也“别忘了未来使用者的需求；藉着提供新的或调整旧的景观之机会，鼓舞人们互相表达自己，实践其创造，并证实其独立的自我；强化社会的互动、团结和邻里关系，使社区能自我培育出能再生这种场所的过程”。台湾辅仁大学景观设计系的赵家麟也指出，景观设计应为公众提供可“共享”的“生活舞台”，而不是“过度浪漫情怀的实境建造”。

### 1.5.4 国内景观建设现状及发展动态

随着国内住区景观设计的热度加升，住区景观环境的规划设计也受到更多专业人士的关注。虽然国外的业界（建筑 / 规划 / 景观界）人士一直将“社区”及其相关问题作为讨论热点，但在国内，有关“社区营建”和“景观”、“环境”、“生态”之间联系的专业探讨却没有引起足够重视。

人类学或行为学者倾向于从人文角度分析问题，使“社区”成为一个偏“社会学”意义的概念；规划设计者习惯于对实体物质空间形态的处理，常常忽略对使用者人群及居住环境可持续发展方面的思考；生态学者的关注领域比较广，如风景区、城市地带、湿地、河湖等，而城市内部的居住区外部环境因面积较小且人工化较强而不成为专攻对象。所以，关于城市住区内部“人”、“动植物”、“景观”相互关联和作用的内容则因处于多学科交叉的位置而出现空白。

考虑到我国城市住区景观建设的不足之处，希望本书的出版有助于促进良好的社区人际交往，有助于建成居民与住区动植物的和谐共栖环境和创造兼具艺术性和实用性的住区景观环境。

# 第 2 章　通过景观规划设计营建互动性住区景观

景观规划设计者对于互动景观的营建起首要作用。作为规划设计者，需要重视住区互动景观设计，认识到以人为主体的住区生物及其交互活动是构成住区景观的重要组成部分，并以自己的思想和作品去影响开发商和使用者，最大限度地发挥景观规划设计对于促进住区互动活动的能动作用。

## 2.1　互动景观营造的前提：确立平等、和谐的基本居住观念

不妨引用两段话作为本章节的引子。

一段摘自《初中语文课本》："桃树、杏树、梨树，你不让我，我不让你，都开满了花赶趟儿。……花下成千成百的蜜蜂嗡嗡地闹着，大小的蝴蝶飞来飞去。……鸟儿将窠巢安在繁花嫩叶当中，高兴起来了，呼朋引伴地卖弄清脆的喉咙，唱出宛转的曲子，与轻风流水应和着。牛背上牧童的短笛，这时候也成天在嘹亮地响。"①

上面是著名散文家朱自清的笔墨，而接下来这一段则是一位不知名的现代网络作家对故乡晨景的描述："再过一会，远处渐闻出圈的牛羊相映，缥缈的声音，如同从远古中飘来，上学的孩子们，手把一枝香香的槐树花，抑或是酸酸的小红果，正在嚼着香甜。……男人便会慷慨激昂，谈论着今年的收成，而女人，在穿针引线的同时窃窃私语，谈论着手中的活计。"②

读过这两段文字，留在脑海里的图景一幅是和乐融融，另一幅是安宁祥和，但都表达了"人"、"动物"、"植物"和谐共生的关系。如果人类把自己视为大自然的一员，身边那些同属自然界组成部分的生物则是与人类平等的个体。遗憾的是，尽管我们的祖先有着尊重自然、尊重自然生物的品格，但现代人却往往欲凌驾于生物之上。如果人类以征服者的心态，只注意用钢筋混凝土打造和扩展自己的居所，忽略自然生物的地位并蚕食、污染、隔离动植物的栖息空间，最终将深陷冰冷环境的困扰，更无法体会前面两段文字的情景描述。但是，当现代城市中的居民潜心思考居住场所中的生态环境时，会发现自己与各种住区生物关系的生疏：人们不清楚每天出入住区时看到的树木是常绿的香樟还是落叶的银杏，不知道桃树、杏树、梨树有何区别；在住区花园中偶遇蜜

---

① 朱自清，《春》。

② "志狼"，《家乡，那五彩的梦境》，枫叶飘零原创文学网，http：//www.fypl.net/go.asp？ id=2676.

蜂则躲之不及，而蝴蝶的身影也离人越来越远；至于那些出生和生长于城市的孩子们，他们大多不认识槐树，不会三五成群地爬上高高的槐树采摘槐花，更无意识去品尝槐花的芳甜。

对景观规划设计者而言，虽无必要创造那种田园牧歌式的写意生活，却有可能通过住区的景观规划设计为居民营造一种生活模式，引导更多居民走近各种健康、美观的适生植物或可爱、有益的小型动物，并由此推动住区人与人之间良好的睦邻关系和达成和谐的住区景观。这就要求规划设计者自身首先应确立一个基本观念——在住区公共空间中，“人”、“动物”、“植物”处于平等和谐的共生互动关系，住区内的每一个人都能愉快、主动地去认识、欣赏和感受身边的这三类富有生命力表征的邻居，通过三者的调和来实现所谓“和谐社区”的建设。使这种观念成型于每个人意识中，可能还需要比较长的时间，但如果人类住区建设能向此方向努力，那些看似唯美的“和乐园”将不只存在于抒情散文或诗歌中，它也会成为人类住区的普遍实景。

## 2.2 互动景观营造的基础：为城市中、高密度地区的植物、动物、人共同塑造适宜的栖居地

与多数动植物生长的自然环境相比，城市住区的小气候环境条件较恶劣，并不适于多数动植物生长。例如，某些研究指出，城市地区树木的平均寿命仅有 7 年。然而，要创建“人”、“动物”、“植物”和谐共处的互动性住区景观，就必须尽可能地为这一环境的栖居者提供适宜的生长环境条件。如英国城市经济发展组 URBED（the Urban and Economic Development Group）的领导者及规划师大卫 · 路德林（David Rudlin）和尼古拉斯 · 福克（Nicholas Falk）所言，“可持续的城市邻里社区可能没有大面积的开放空间，但它仍然应该将野生动植物和生物多样性的机会最大化”①。作为城市生态系统的局部，住区小环境条件的改善和最优化，对于整个城市的生态环境改良及生物多样性发展而言也是一种贡献。

但凡具备生物多样性特征的园地中，分解者、生产者和不同层次消费者之间组成稳定的“生态金字塔”，各物种之间都保持着良好的生态平衡关系，如图 2–1 所示。其中，越低层级的生物数量越多，越高层级的生物数量越少。为保证高层次生物的生存，该生态金字塔的基盘必须足够大而稳定，否则就可能导致上层高级动物的死亡。如果住区内部分解者、生产者、初级消费者的类型多样化，可为上层消费者的生存提供更大可能性，而不致因某一物种的突然消亡而导致其他物种的全体死亡。

生态水池是在单位空间中所能提供生物种类最多的环境载体之一。生态水池指水池里的植物、动物和微生物群落可以通过自身循环代谢，达到净化水质和促进水池及水岸

① （英）大卫 · 路德林（David Rudlin）和尼古拉斯 · 福克（Nicholas Falk），《营造 21 世纪的家园——可持续的城市邻里社区《Building the 21st Century Home – The Sustainable Urban Neighbourhood》，第 186 页。

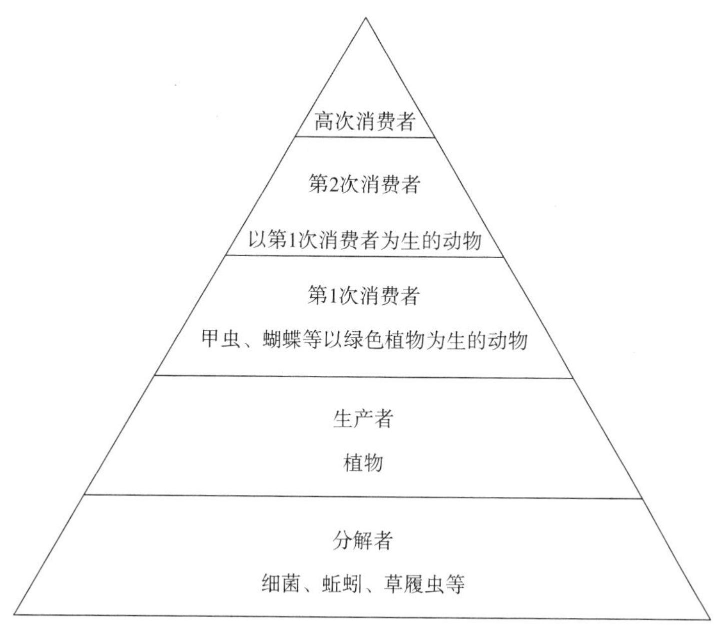


图2–1　由分解者、生产者、消费者组成的“生态金字塔”

植物生长的目的，它也是湿地的主要构成部分。

湿地（Wetland）的定义大体可分为广义和狭义两种。狭义的定义指水域和陆地之间的过渡地带；广义的定义则将地球上水深 6m 以内的所有水体视为湿地。多数学者采用 1971 年在伊朗拉姆萨尔签订的《关于特别是作为水禽栖息地的国际重要湿地公约》(简称《湿地公约》) 中的表述：“湿地指不问其为天然或人工、长久或暂时之沼泽地、泥炭地或水域地带，带有静止或流动、或为淡水、半咸水或咸水水体者，包括低潮时水深不足 6m 的水域。”我国主要的湿地类型有：沼泽湿地、湖泊湿地、河流湿地、河口湿地、海岸滩涂、浅海水域、水库、池塘、稻田等自然湿地和人工湿地。

目前，在世界各地开始盛行的湿地花园，实际上即是将生态水池与自然式花园相结合的一种园林形式。与其他类型的景观场地相比，湿地环境可以蓄积来自水池和陆地的两相营养物质，所以有更高的肥力，可吸引更大数量、更多种类的生物种群在此生长，而湿地植物的根系及堆积的植物体对基地也有稳固作用。据悉，我国的湿地植物有 2760 种，其中，湿地高等植物约 156 科、437 属、1380 多种。此外，湿地水池的面积宜大宜深，大面积的水域、深水池表面与水底的温差更有助于水生植物与鱼类、昆虫和两栖类小动物构成良好的湿地生态系统，以保持多样生物共存。同时，由于许多湿地植物能将大气中的氧气通过其根部下传，形成有利于微生物多样存在的有氧和厌氧的土壤环境，这样构成的生态循环能起到净化水体的作用，如图 2–2 所示。不过，城市住区内的湿地花园因用地有限，同时需考虑居民亲水活动的安全性，水池的规模视住区具体情况确定，而水深则根据水生植物及动物的类别和数量而定，多控制在 0.6~1.4m。

图2-2　某住区湿地环境：人工湿地不仅具有优美的自然生态景观，而且，通过其所培育的水生植物和微生物的生命活动，能达到净化水体的效用

不过，完全原生态的湿地园环境并不一定符合人的居住习惯。自然界的湿地生境的形成往往历经数百年的时间，其内的人口密度相当低甚至为零，从大范围看，其景观类型仍是非常丰富的。但是，如果把这种景观原封不动地搬到城市住区局促的外部空间中，在同等面积里呈现给居民的景观则会显得单调甚至乏味。所以，在城市住区的湿地景观建设中，需要设计师将自然湿地景观加以提炼并浓缩在方寸之中。同时，设计者还必须综合考虑城市居民的审美取向、活动要求和居住文化特点，使湿地园不仅能为住区内的动、植物生活提供适宜环境，更能使居民乐于生活在这样的住区中，并于不知不觉中融入自然，感受与自然之物交流的轻松、惬意，这种“源于自然却高于自然”的理法也正是我国古典造园之圭臬。

## 2.3　通过住区景观建设促进“人—人”互动

### 2.3.1　我国城市社区建设及“人—人”互动活动现存问题

关于居住“社区”建设问题的论述并不少见。现代城市生活中“人—人”关系的疏远，社区归属意识的淡薄，引起了许多社会学家的关注，而在规划设计界，也不乏有识之士不懈努力，旨在个人能力所及的范围内，通过引导性的规划设计来促进社区交往活动。

在《中国大百科全书》中，对社区有如下定义：“社区是以一定地理区域为基础的社会群体，它至少包括以下特征：有一定的地理区域，有一定数量的人口，居民之间有共同的意识和利益，并有着较亲密的社会交往。”可见，“社区”是一个比较模糊的社会学概念，面积可大可小、人口可多可少，而所谓的“共同意识和利益”和“亲密的社会交往”更难用确定的尺度来衡量。参照该定义，真正能称为“社区”的住区在我国住房制度改革后的新建城市住区中是非常少见的。

传统的邻里关系以地缘或血缘关系为纽带，人们之间通过互相帮助、共议大事等活动建立起成熟而有活力的社区；在计划经济体制下，在城市里的住区则大量普及以行政关系为纽带的各种“单位大院”，同一住区的居民虽然交往有限，但仍比较熟悉；在现代城市住区中，居住主体趋于多元、复合、异质化，社会化服务替代了原来的社区互助和共同参与性活动，使“远亲不如近邻”的意识逐渐淡薄甚至消失。当人们把眼前的住区与那些建立在共同纽带基础上的传统住区两相比较后，则会意识到居民之间关系的冷漠和社交的稀疏。

尽管我国城市的社区建设存在着诸多问题，但本书无意针对这一庞大问题展开“大而全”的评述，而是重在如何通过住区景观的规划设计来促成社区感的形成。早在 1977 年，著名的《马丘比丘宪章》中就提及：“我们深信人的相互作用和交往是城市存在的基本依据，城市规划与住房设计必须反映这一现实。”住区的景观建设也应为住区中“人”与“人”的交流、互动提供更适宜的背景环境。

### 2.3.2　现代城市住区居民构成及其对住区景观环境规划设计的要求

在现代主义建筑运动的影响下，一百年来，规划设计者们习惯以理性的功能分区开展规划设计工作。在住区景观规划设计中，很多住区的外部空间也被划分为若干功能区域，如老人活动场、儿童游戏场、交往广场、休闲中心等。然而，经调查发现，这些规划平面图纸上所硬性划分的场地的实际使用情况却经常与设计者的预期使用方式相悖，有不少活动场地还常年被居民冷落。可见，规划设计者在构想这些活动空间时，并未考虑其空间设计是否适应特定人群的使用及特定活动的开展。

在一个住区中，如果将各户住宅视为私密空间，则住区的外部公共空间无异于供居民交往活动的公共客厅。对景观规划设计者和开发建设者而言，他们的工作目标是使住区景观具备足够的吸引力，尽可能使每日或每年的大多数时间，住区的“公共客厅”内都有居民的主动参与性活动。如何使这个“公共客厅”舒适、宜人，形成和睦融融的氛围，需要多方面元素的调剂。

首先，“公共客厅”的位置要适宜，也即是住区的整体规划应合理、均衡，方便住户抵达；其次，“公共客厅”的环境要有亲和力，表现在住区中，则是指住区的景观设计应具备一定吸引力，使身处“客厅”中的居民感觉安逸、惬意；第三，要使“公共客厅”有人气，必然需要有人的活动，“闲谈”是最常见的“人—人”交往活动。当“家庭”里的成员很多时，可根据不同的兴趣点分组群活动，如健身、养花等。如何使不同组群的居民能相互熟识起来，这需要适时组织一些较大型的社区活动，如社区音乐会、社区老人节、社区运动会等。

#### 2.3.2.1　居民交往活动对住区景观环境的总要求

住区景观环境的塑造，应能传达给居民适宜的景观感受，使其在欣赏住区美景的同时，希望亲身加入这样的场景，并乐意与身处一地的邻居们共同分享景观和在这样的场所开展交互活动。住区景观设计还应力求引发人们关于心目中理想家园和谐氛围的共鸣，使人们在这样的景观环境中暂避外界烦扰和涤荡身心，并在“人—人”互动的景观中愉悦和充实个人的精神世界。实现这一目标并不容易，但住区景观的设计者仍有必要从达成以下几方面的景观效果出发，并为此而努力。

（1）美观：赋予居民美的感受和放松的心境；

（2）安全：减少机动车、不法商贩带来的不安定因素；

（3）亲切：尺度宜人、有内聚力和社区归属感的空间；

（4）价值观的体现：住区的景观环境应符合居民的价值观，应能培养和激励居民个体的发展。

#### 2.3.2.2 居民构成及其对住区景观环境的不同要求

住区的居民构成，可根据其从属行业、收入、学历、性别、籍贯、年龄等方面加以区分，而对于购买同一住区内房产的居民而言，他们的价值观、经济状况、消费水平、生活习惯、审美倾向等方面都颇具有相似性。对于景观规划设计者而言，了解这些潜在购房者共同的交往活动习惯和景观喜好，是成功塑造居住区景观环境的开始。由于年龄的区别是导致同一住区中居民交往活动差异的最主要原因，而同龄人交往的可能性远胜于年龄悬殊的群体交往。所以，根据居民年龄构成差异，大体可分为学龄前儿童、青少年、无小孩的青年夫妇、有小孩的中年夫妇、空巢家庭中的老人等，并对其不同交往活动内容及景观要求作简要分析（见表 2-1）。在住区景观规划设计时，应针对这些差异，综合考虑提高各年龄段居民在住区活动的可能性。

城市住区不同年龄构成的居民活动分析表　　表 2-1

| 分类 | 年龄构成 | 户外空间活动时间 | 行为特征 | 景观环境偏好 | 特定的活动场所 | 交往活动的可能性 |
|---|---|---|---|---|---|---|
| 学龄前儿童 | 0~6 岁 | 多 | 活动时需要家长监护和引导 | 色彩明亮、多样变化 | 儿童游戏场 | 较大 |
| 青少年 | 7~22 岁 | 较多 | 结伴活动，运动强度较高 | 方便运动的场所 | 健身运动场地 | 大 |
| 无子女的中、青年 | 22~55 岁或 60 岁 | 较少 | 愿意与有共同爱好的同龄人交往 | 有品位、有特色的场景 | 健身运动场地 | 较小 |
| 有子女的中、青年 | 22~55 岁或 60 岁 | 一般 | 如果有时间和精力，则愿意与同龄人交往 | 舒适的场景 | 健身运动场地 | 一般 |
| 与子女同居的老人 | 60 岁以上 | 较多 | 希望与人交往 | 环境优雅 | 健身器械场地、休憩场地 | 较大 |
| 独居老人 | 60 岁以上 | 多 | 特别希望与人交往 | 环境优雅而不冷清 | 健身器械场地、休憩场地 | 大 |

1. 学龄前儿童

0~6 岁，这一年龄段的儿童闲暇时间多，好嬉戏玩耍，如有人陪伴可长时间户外活动，但活动时需要家长监护或引导。他们偏好色彩明亮、丰富多样的景观环境。学龄前儿童在住区内的主要活动场所为儿童游戏场，儿童游戏场即是他们接受学前教育的重要场所。如果有正确引导，他们很容易且乐意与同龄人一起游戏活动，并在活动中学习和培养与人交往的能力。与此同时，陪伴孩子们的家长、保姆之间也很容易相互交往。

2. 学龄儿童

7~12 岁，也即小学阶段。这一年龄段的儿童精力旺盛，在住区内的活动范围很广，热衷于有冒险性或刺激性的游戏，但凡适宜玩耍的场地都可能成为他们自我组织游戏的聚集地，而有地形变化、层次感强的场地更能激发他们在户外奔跑、滑板、追逐、捉迷藏等活动的兴趣。学龄儿童交友活动的可能性大，他们乐意与同伴交往，能彼此启发创造性。但他们日间的多数时间在学校度过，只有在放学后或节假日才能参与住区内部活动。他们常常自行结伴成群在住区内活动，成为引人注目的活动群体。

3. 青少年

13~22 岁，也即中学后到工作前的阶段。与学龄儿童相比，青少年在活动时不太愿意被成年人监视或管制，这种心理影响了他们在住区内部活动的积极性。但他们思维活跃，喜好比较剧烈的体育运动，尤其是球类运动。青少年交友活动发生在住区体育运动场地的可能性较大。在中国实行“计划生育”的国策下，越来越多的城市居民都是独生子女，而住区交往活动对于丰富青年生活、促进个人成长和培养团队精神都是很有帮助的，所以，如何为青少年营建有吸引力和创造性的集体聚会场地，亦是住区景观环境设计时的考虑要素。

4. 外出上班的中、青年

22~55 或 60 岁，即从工作后至退休前的阶段。该年龄段的群体大多忙于工作，在住区内活动的频率很低。由于住区交往是一种非功利性的交往，可以起到舒缓他们紧张工作情绪的作用。这类人群在住区内所占比例最大，但其在住区内的活动大多属上下班经过式的“被动活动”，很少发生邻里交往事件。如果住区游憩活动的条件适宜，会有更多的“上班族”乐意加入“主动活动”的行列中。有无子女情况是影响他们在住区活动的重要因素：

（1）无子女的中、青年：因无子女，可能有不少的闲暇时间，但多倾向于在住区外较大范围的交友活动。他们对住区活动的场所景观比较挑剔，喜好高品质、有特色的活动场地。无子女的上班族在住区内进行交往活动的可能性与场所环境特征的关系较大，如住区景观环境好则容易交往，反之，则不会与人交往。

（2）有子女的中、青年：因为有家庭及子女，家庭责任感较重。虽然工作之余的时间不多，但他们愿意就近在住区内与家人特别是子女一起活动，以增进与子女的感情和教育下一代。他们喜好舒适的、配备有休息设施的场地，也乐意在专业运动场地锻炼身体。由于在住区内停留的时间较无子女的中、青年多，其交往活动的可能性也较无子女中、青年多。

5. 在家工作的 SOHO 族

SOHO 是 Small Office Home Office 的简称，即小型的家庭办公室，而在家庭办公室工作的人则被称为 SOHO 族。随着社会的发展及信息技术进步，在家创业或工作者的数量呈上升趋势，如美国工人中，有 30% 的雇员在家庭办公室中完成部分工作量，有 10% 的雇员在家庭办公室中完成全部工作量。还有许多公司鼓励雇员在家办公，既减少通勤时间，又能提高工作效率。SOHO 族的职业范围也涉及多个领域，如自由撰稿人、设计师、艺术家、网上商家、网络主持人等。虽然我国 SOHO 族的数量和所从事的行业还相当有限，但已有越来越多的上班族（特别是喜欢自由的年轻人）加入 SOHO 行列。

图2–3　北京某住区：风格过于简洁的户外空间容易予人冷漠和疏远的印象

独自在家工作的 SOHO 族更需要适当的“人—人”接触，而非脱离外界交往的自我封闭状态（见图 2–3）。与外界和他人的互动交流有助于启发个人思维、排解独自工作的寂寞和压力。SOHO 族在住区外部空间的时间安排及活动状态的灵活度很大，如果住区能提供亲切、宜人的景观环境，则能更大程度地激发他们在住区户外空间活动的兴趣，他们可能在住区内有规律地长时间活动，甚至将部分工作内容移至户外；反之，他们可能终日不出户门，或者仅仅作为从“户门”至“住区大门”的匆匆过客。

6. 闲居的老人

60 岁以上，退休居民。据国家统计局 2003 年的统计数字，我国 60 岁以上的老年人超过总人口数的 10%，并以每年 3.2% 速度剧增。随着老年人在住区内所占比例的增加，与老人日常生活息息相关的住区环境成为人们关注重点。

老人与儿童同属于住区内活动最多的人群。闲暇时间多，静态活动较多，喜好坐观他人活动，或与朋友和家人聚坐聊天。户外交往活动是他们每日生活的重要组成部分，即使是静坐一旁观看他人谈话或其他活动也能获得一种满足。他们偏好环境优雅、简洁干净、色彩柔和、有足够座椅的静坐休息场地和放置有简易健身器械的活动场地。随着中国城市人口的老龄化，社区活动对于排解老人的孤独有积极意义。由于勿需跨越危险的城市道路，住区内部的景观用地是行动不便的老人们的理想活动场所，住宅单元入口处的开放空间或半开放空间也是他们乐意停留的场所，如图 2–4 所示。与子女同居的老人和独居老人的活动特征有所不同：

（1）与子女共同居住的老人：以早晨、傍晚时段的户外活动居多，中午、下午多在家休息或料理家务等。他们希望与人交往，不会很在意年龄差距。其交往活动的可能性较大。

（2）独居的老人：早晨至傍晚时段都可能户外活动。他们有比较强烈的与人交往的愿望，有时为避免冷清而停留在一些较喧闹的场所。其交往活动的可能性大。

图2-4　美国加利福尼亚州Parkview老年公寓：为老人营造舒适、简洁的交往场所

### 2.3.3　促进“人—人”互动的住区景观规划

在住区总体规划之初，就需要把促进“人—人”交往的理念贯穿其间，而景观规划的基本构架也据此而生。其中，景观的系统性、均好性和安全性是景观规划中尤其应该注意的问题。

住区景观的系统性指住区外部空间作为居民交往互动的场所，须被视为整体空间予以考虑。不仅在组团或住宅群落内部有宜人的活动场地，不同组团、不同住宅群落之间也需通过景观环境的组织而相互流通。居住于住区一隅的居民可以经由景观廊或步行道，舒适、惬意、安全地漫步于各具特色的景观分区，轻松自然地与或“近”或“远”的邻居交谈、活动，而不至于产生侵犯他人领域的尴尬情绪。景观系统的营造，事实上是将不同功能和景观特征的户外空间加以有机组合和交互渗透，有意营造社区的整体家园归属感，而非将住区内部划分为若干不通往来的封闭空间。

营造系统性景观时，经常会使用赋予住区特定景观主题的方法。在城市住区中，比较多见的景观主题有音乐（如音乐广场、上海知音、金色维也纳等住区）、运动（如上海、广州、沈阳的奥林匹克花园、重庆同创奥韵住区等）、乡土传统（如北京观唐、上海九间堂、成都清华坊、苏州桐芳巷等住区）、异国风情（如巴黎春天、阳光西班牙、金地格林小镇、泰晤士小城等）。通过统一主题的环境营造，比较容易形成特色分明的景观风貌，这对于培养居民的社区归属感具有一定意义，但同时需避免因极力刻画而造成过于厚重的人工雕琢感。

在考虑住区景观的系统性问题时，实际上就涉及住区景观的均好性问题。住区景观的均好性指居住于住区不同部位的居民，都能就近欣赏和享用到面积相近且优美度相似的景观。据调查，如果环境适宜，多数居民都乐意在房前楼下的景观用地中就近活动，因这样的空间和“家”更接近，也更能给住户一种安定感和归属感，家长们则可以放心地在家中阳台或者窗口观察小孩的活动情况。与此相反，某些住区偏好在中部留出超大面积的景观用地，以突出其宏大的景观效果，但是在中部景观用地以外的其他住宅群落内，居民则可能面对面积局促且制作粗陋的景观环境。同一住区中，这种居住环境的景观差异化可能导致居民心理失衡，不利于居民之间的正常交往（见图 2–5~ 图 2–7）。

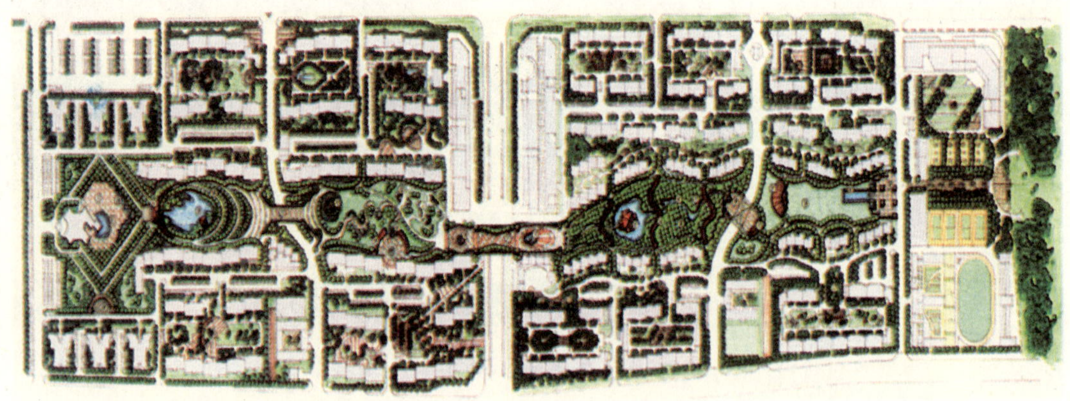

图2–5　北京长安新城：邻近中心绿化轴两侧的住宅景观均好性明显优于其他

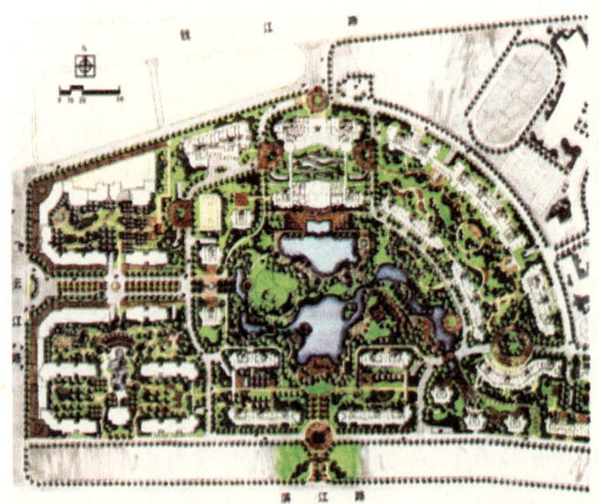

图2–6　杭州绿城春江花月：住区总体规划注重景观均好性

图2–7　广州星河湾三期荟心园：住区内各住宅单元的景观均好性

在我国高密度的城市住区，比较理想的住区景观系统是没有车辆干扰的安全空间的组合，这对于喜爱奔跑的儿童和行动较为迟缓的老人尤为重要。在规划设计时，有意识地设置较大范围的步行活动空间，对于克服居民户外活动的畏难心理，增加住区外部空间的使用率有重要意义。在许多住区还采用了过街楼或住宅底层架空的做法，使住区步行空间相互渗透，而居民从心理上感觉活动场地被大大拓展。与那些总面积相似，但彼此分离、孤立的条状或块状绿地相比，相对完整且安全的住区景观空间具有大得多的空间感染力和亲切度，更加有助于居民的户外交往活动（见图 2–8 和图 2–9）。

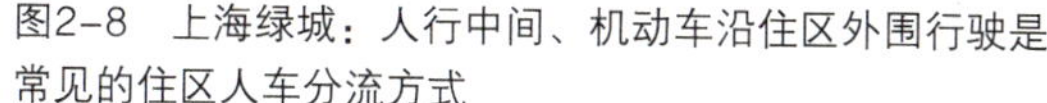

图2-8　上海绿城：人行中间、机动车沿住区外围行驶是常见的住区人车分流方式

图2-9　上海绿城：入口处即实行人车分流，还行人安全、闲适的漫步空间

## 2.3.4　促进“人—人”互动的住区公共空间景观设计

### 2.3.4.1　住区公共活动场地的充足性

为居民提供充足的活动空间是开展住区“人—人”互动活动的先决条件，可使用“空地率”的概念来衡量居民户外活动空间的多少。在住区中，扣除机动车道、室外停车场地和建筑覆盖面积的场地即为土壤、水面、绿化、硬质活动场地、步行道等，它们都可视为适宜居民活动的场所，并可据此换算出住区的空地率。根据相关调查，适宜的空地率水准在60%以上，通常的空地率水准在40%~49%之间，当空地率低于30%时水准较差。

### 2.3.4.2　住区公共活动场地的分布与使用者密度

便捷、适宜的交往场所是产生住区交往活动的前提。在住区总体规划之初，协同考虑景观塑造和场地活动，是一种综合的、从全局入手的规划观念。住区内常见的居民活动区域分林地、广场、大树下、水岸边等，意欲促进“人—人”交往活动的住区，可在这些居民较高频率使用的活动场所设置各具特色的集中活动空间。在考虑总体景观均好性的前提下，对不同活动场地的分布密度及服务半径等多方面权衡比较，以避免实际使用中的种种弊端。虽然多数居民希望能就近享用住区公共活动场地，但如果住区整体环境优良，他们也愿意在漫步赏景的过程中抵达其目标活动场地。对普通居民而言，比较舒适的步行距离在800m（约10min）以内；对于行动不便或体力不佳的居民而言，400m内的步行距离则更容易被接受。

活动场地的使用者密度过大是导致社区交往乏力的原因之一。许多城市住区的居住密度大，居住人口多。适度的人口密度是可以促进社区交往的，但如果密度过大，就容易因陌生人太多而降低结识邻居的机会。据调查，如果在较长一段时间（一、两年）都不能结识邻里，则在今后认识邻里的可能性也很小。

2.3.4.3 住区常用公共空间分类及设计要求

由于使用相同活动场地的居民容易找到共同兴趣点和话题，他们之间更易产生交往活动，常见的这类公共空间包括儿童游戏场、老人活动场地、健身运动区、住区广场等。

1. 儿童游戏场

在新建住区中，常常可以看到一、两块色彩亮丽的场地，地面铺设的是防止摔伤的橡胶垫，上面摆放的是各种直接从市场上购买的大型组合玩具成品，这便是开发商为低龄居民配备的儿童游戏场（见图 2-10）。这种游戏场安装便捷，还具有清洁、安全等优点，从色彩搭配到器械组合都考虑到儿童的心理需求和生理特征。这种游戏场的设置满足了儿童聚众玩耍的心理取向，在一定程度上也能促进儿童相互认识。而且，如果在游戏场旁设置一些供家长看护儿童的休息区，也为家长之间的交往活动提供了可能性（见图 2-11）。所以，这种组装式儿童游戏场的设计从一开始就受到各住区的欢迎。

图2-10　香港海怡豪园：这类装配式的成品游戏器具盛行于全国各地的城市住区

图2-11　上海达安花园：内向的休息座位为家长们提供了相识闲聊的场所

不过，在与旧时的儿童活动空间比较时，我们不难发现，这些特设游戏场内的儿童之间常常不能建立起伙伴关系。他们多在家长陪同下玩耍，或是观望别的小朋友游戏，却不太愿意结群共同活动。而旧的住区中，虽然活动设施缺乏，却随处可见原先素不相识的儿童们一起嬉戏玩耍，三五成群之后，又因为新朋友的介绍而认识更多的小朋友。作为设计师，是否需要在住区游戏场建设时进行自我反省和即时调整？

导致现代城市住区儿童游戏场交往活动较从前住区匮乏的原因很多，这里仅从景观设计的角度作简单的比较分析：

（1）游戏儿童分组

不同年龄段儿童的活动能力、活动范围、活动习惯及活动剧烈程度有很大差异，他们对游戏设施的尺寸要求也不同。因此，住区内的游戏设施需要适当分组，如婴幼儿活动组、3~6 岁学龄前儿童组、学龄儿童组等，避免不同活动之间发生冲突或不安定因素。

如果某些游戏设施可混合使用，则可以引导年龄较大的孩子和年龄较小的孩子共同游戏，促进不同年龄的儿童接触和相互交流。不过，很多大孩子并没有足够的耐心与小孩子玩耍，而小孩子在与大孩子的玩耍过程中，则常常体力透支或产生无意继续游戏的挫折感。所以，不同年龄组的活动设施可适度靠近但又相对分隔，便于不同游戏设施及场地的灵活使用，和激发相同年龄段及不同年龄段儿童之间的交往潜能。

（2）游戏设施的设计

早期的住区大多没有为儿童特设的游戏设施，但同一住区的儿童却通过相互交流，自发创造了多种形式的游戏道具。这些游戏设施可就地取材，且制作简便，特别是当儿童在使用自己打造的游戏道具时，更能激发共同游戏的兴趣。通过在一起亲手制作游戏器具、切磋制作经验和使用技巧，儿童们很容易因共同的兴趣点而迅速熟识，也有助于其创造性思维和群体意识的提升。常见的传统游戏内容包括滚铁圈、转陀螺、踢毽子，以及用废旧轮胎、管道、砂土砖块等堆叠而成的攀爬或掩藏设施等。在现代住区中，如果将这些简易的传统手工游戏设施清洁、上色或者适当加工改造后，它们即能与使用者儿童共同构成住区内的生动景观。这些取材于日常生活领域的游戏器具，有助于提高儿童的创造性思维，促进住区小居民在一起玩耍的同时勤观察、多思考。

现代住区的成品游戏器具一般注重儿童多动、好攀爬的特点，但其组合而成的器械一经固定便不能变动，对于喜欢丰富多变游戏环境的儿童而言，时间略长就会产生厌倦情绪。事实上，在设计游戏器具时使用可重新组装的构件，有些器具甚至可由几个儿童自己拆卸组装，这类设施将更具有长期吸引力。如果游戏器具设计时能增加供多个小朋友共同活动的项目，则可借助群体活动大大延长儿童对游戏器具的新鲜感，如可供两、三人一起使用的秋千，可容多个孩子滚爬游戏的超宽滑梯板等，只要设计者多动些脑筋，就能为儿童提供更多的集体活动选择。

结合住区景观设计，儿童游戏设施应是多样复合的，并非仅仅局限在划定的游戏场范围内。住区的雕塑、景观墙、水景等，都可以巧加利用为适合儿童活动的游戏设施。

（3）游戏项目的组织

早期的住区中没有游戏场，但一个住区的儿童却能自发组织群体性游戏活动，而这种参与活动又能将更多的儿童联系在一起。传统的集体活动项目很多，如“荡秋千”、“捉迷藏”、“老鹰抓小鸡”、“丢手绢”、“抓特务”、“跳皮筋”、“跳房子”等，常常会从最初的两、三人扩展到最后十几人甚至更多人参加。

现代住区中，固定儿童游戏场中的活动是单一的，且多由家长陪同儿童完成。单一的活动内容并不能充分发挥游戏场的用途，有时还会出现多个儿童排队等候滑梯或攀爬架的场面。这说明，现代住区的游戏项目是个体化而非群体式的，设计者往往忽略了群体活动项目的设置。虽然我们不必全盘恢复传统的、也许不合时宜的游戏项目，但却完全可以利用现代社会在游戏素材和资源上的优势，设计和组织便于儿童群体在户外游戏活动的健康项目。有条件的住区可以专门聘用一两位喜爱与儿童活动的管理人员，专门负责组织和监管住区内儿童群体的玩要、游戏和比赛。

（4）多样化的游戏场地

新型铺地材料的研发为游戏场场地用材提供了多种可能，但传统的草坪、沙场等依然是安全而自然的场地材料，它们能作为儿童多种游戏及交往活动的背景场地。一般而言，儿童偏好有地形变化的场地，这样的场地可以诱发他们的活动欲望和发挥自己的创造力，变换出多样的游戏内容。挖沙场、堆土丘、建嬉水池等都是常见的改变地形的方法。

沙场：沙场是很受儿童欢迎的游戏场所，设计良好的沙场能更好地发挥儿童创造力。在有条件的社区，可由专人组织儿童共同进行简单的沙雕创作，使儿童在集体创作的过程中结识，也为住区增添了一道自我创造的、常变常新的独特景观。

住区内的沙场空间也能利用为一些攀爬或运动型游戏器具的放置场地，如秋千、平衡木、攀登架等，增强儿童活动的安全性。

沙场设计时应特别注意选址问题，沙池既应处于有日光照射的区域，以帮助雨后沙干和防止细菌孳生，同时还需考虑夏季遮阳设施，既避免沙子灼热而难以触摸，也可保持部分沙子的潮湿度和韧性，以增加沙池的使用率。此外，沙池应远离风道，或避免位于主导风的上风向，并应有相应的防风设施，防止风尘飞扬而污染住区环境。沙场边缘应配有水源，可增强沙子作为玩具的可塑性，同时方便定期对场地消毒、清洗。沙场的形式勿需规则的矩形，可结合住区场地条件和景观设计而定，如图 2-12 所示。例如，有些住区临近沙滩，利用天然沙石稍加围合即是一个非常受孩童欢迎的游戏场地，如图 2-13 所示。

图2-12　上海新梅共和城：景观廊道旁自由形态的沙池

图2-13　香港愉景湾：利用沙滩设置游戏场地

配合沙池设计，沙池边缘或角落处可用适当卵石堆叠、围合出一定区域，形成砂石游戏区。对儿童而言，卵石和沙砾均为可塑性很强的玩具，当多个儿童聚集在此活动时，更能激发他们的设计灵感，产生多样形式的自创游戏活动。

游戏屋：如果场地空间适宜，可设置一些专供儿童群体活动的游戏设施，如可以开展“过家家”活动的游戏屋、小城堡等，或者是可模拟驾驶活动的车、船实物模型或局部，如图 2-14 所示。当儿童们聚在一起时，可以发挥自己的想象力和创造力，使这些游戏设施作为群体游戏的场景道具，在共同游戏的过程中结交小朋友。

堆土丘：如果场地上开挖水池或沙场，可利用土方堆垒坡地或小丘。由于儿童的体形矮，他们尤好在高处向下俯瞰。儿童游戏场中的土丘可与滑梯、隧道或攀登玩具等结合设计。孩子们还喜欢结群在斜坡上滚爬嬉戏，与土壤、草皮等天然元素直接接触，反映出孩童的热爱自然的天性，而这种表现正是现代城市中成长的儿童所缺乏的。

戏水池：人类对水有着与生俱来的喜好，特别是爱玩好动的儿童，更有非常强的与水亲近的欲望，且热衷结伴在水际嬉戏，而水深不及膝的戏水池即是他们共同分享玩水乐趣的安全场所，如图 2-15 所示。戏水池的设计应注意池底平整防滑，防止儿童在水中游戏时摔倒，戏水池的造型设计及选材应避免尖角或突起，水池中可配置表面光洁的石块，辅以喷泉、涌泉等水景设施，增加儿童们亲水游戏的趣味性。水池内的水体需经常加以净化，以防儿童误饮。在北方冬季结冰地区，面积较大的戏水池可用以滑冰，通过提高人们冬季户外活动的儿率来增进邻里交往。

图2-14　香港海怡豪园：便于群体活动的小火车游戏道具

图2-15　日本海景花园新浦安：聚在水边玩耍的孩子们

（5）个性化的游戏场设计

如前所述，“橡胶垫 + 组合游戏器具”的游戏场为设计者和开发商带来了很大便利，但这种模式化的设计使各个住区的儿童游戏场景观趋同，并不利于反映特定住区的景观风貌，而且，这种固定模板的活动方式容易使儿童迅速厌倦，也束缚了儿童之间的主动交往活动。对于生性活泼的多数儿童而言，由多种设计元素组合在一起的场地更能激发儿童的创造力，在相互沟通和共同游戏的过程中产生各种新鲜的游戏方式，从而使游戏场更具吸引力。

结合自然场景设计的游戏场是一个很好的选择。把儿童所喜爱的“水”、“沙”、“花草”、“土壤”、“岩石”、“昆虫”等元素组合在同一空间中，配合多样化的地形塑造、空间设计、植物配置、游戏器具组合，可产生丰富多样的设计形式。例如，攀登架、滑梯等可与坡地设计结合，而顺沿坡地，又可设计一些宽大的、可供坐卧休息或观看表演的台阶，或设计可供儿童嬉水的跌落式浅水池等，使儿童在上、下坡地的方式有多种选择，在各取所需或相互竞赛的活动过程中感受游戏空间的趣味性。与之相比，在固定流程的成品游戏器具场地，孩子们可能需要排队等候上下滑梯、攀登架等，而这种排队等候过程则很难发生互动性活动。

在儿童游戏区内组建一个小型的观演广场，能锻炼儿童在群体中展现自我的勇气，并促进儿童相识。这种观演广场的形式不宜布置得很正式，以方便群体游戏时自发性的即兴表演。例如，广场中可设置一些小型木马、转椅等游戏设施，使孩子们可以自己喜爱的方式一边玩耍一边观看演出或加入表演。在广场中也可添加儿童所喜爱的旱喷泉，满足其在空地上追逐、嬉戏的要求。

此外，在儿童游戏场内或场边也需要为儿童准备一些根据儿童尺寸制作的桌椅，使儿童们不仅在游戏运动中相识，也能坐下来相互谈话、聊天，或者共同开展其他方式的交往活动。

在夏季气候炎热地区，儿童小广场的外围或其间应有适当的荫庇物，如植物、棚架、亭廊等，尽可能地多吸引儿童户外活动，提高游戏场在各个时节的利用率，如图 2-16 和图 2-17 所示。

图2-16　深圳长城大厦：树荫下的游戏场满足孩童在酷暑季节活动的需要

图2-17　北京朗琴园儿童游戏场设计：结合自然场景设计的多功能游戏场

（摘自《最新热销地产项目景观设计全解密》，决策资源主编）

虽然设计者通常会在儿童游戏场外围设置供家长休息的座椅，但实际上，活动场内或活动设施附近也需要设置供儿童使用的座位。据调查，“儿童活动场中，25%~50% 的儿童在观察活动中的其他儿童”[①]，就近设置的座位能方便儿童观察他人活动，并在适宜的机会加入集体活动之中。

如果一个住区的儿童能在游戏活动中与同龄伙伴较快相识，能共同完成游戏、共同组装游戏器械、共同关心某一兴趣点，并且在日常谈话中更多地使用“我们”而不是“我”，这样的游戏场所便具备了促进儿童互动的功用。

2. 老人活动场所

与儿童游戏场的动态活动相比，老人活动场相对安静、闲适，但也需要设置一些提供老人体育或健身运动的场地设施，促进老年人以健康、积极的心态相互交往。在很多住区，老人活动场地并非与其他场地绝对分离，而是将可供老人活动的设施在住区内多处散置，使老人们既可在住区漫步时闲聊，当谈话投机或需要休息时，又能就近找到合适的小憩场所调整身心。

闲居的老年人喜欢聚坐一处怀旧论今，住区内大树下，或者亭、廊、棚架等庇护物处都可能成为他们的聚集地，因此，在这些区域需要设置足够的就坐设施。老年人喜爱的活动多为慢节奏、低运动量的类型，如慢走、打太极拳、练气功、打牌、下棋等，需为这类活动设置脚底按摩卵石道、平稳场地、荫庇场所，并保证其幽静自然的环境氛围。对于有些老人喜爱的热闹型的活动，如跳舞、扭秧歌等，则应考虑场地表面的硬度、平整度及防滑问题，防止老人在活动时受伤。而且，这类场地周围应设绿篱、挡墙等隔声设施，避免音乐声或人群喧哗而干扰邻近居民。

3. 健身运动区

城市住区内的室外健身场所，需适应多个年龄阶段、不同运动喜好的居民要求，并适当组织一些团体运动项目。

住区健身人群包括精力充沛的青少年、忙碌而疲倦的上班族以及赋闲在家的老年群体等，但健身活动项目的设置并不需要将这几类人群严格分开，不同年龄阶段的居民完全有可能共同参与某些健身运动。

根据运动内容，健身运动区可分为规模较大的专业运动区和规模小、设置较随意的健身器械区。无论规模大小，运动场地附近应设有足够的座位或其他休憩、等候设施，也为观望他人运动或运动之余的居民提供交流的场所。

（1）专业运动区

在不少住户眼中，健身运动场地成为衡量住区档次高低的评价条件之一。正因此，这类运动场地的内容正在向大规模、高消费的方向发展。在售楼之初，开发商便将网球场、高尔夫果岭等设施作为重要卖点大力宣传。然而，这类场地在住区内能够得到充分利用吗？早有不少居民抱怨，这类场地占地面积大、使用人数却相当有限，是对住区户外场

① 卡罗琳 · 弗朗西斯，《人性场所——城市开放空间设计导则》，第 270 页。

地资源的浪费，不利于住区整体景观环境的营造。因此，运动场地的设定需要结合居民的基本消费倾向和整体环境要求来设置，避免为形式上的“高档”而使住区的宝贵土地成为少数人的私人活动场所（见图 2–18 和图 2–19）。

图2–18　新加坡Marine Crescent Gardens：篮球场是住区内使用率较高的健身场地

图2–19　香港愉景湾：占地面积大的网球场适用于规模较大的居住区

在住区内，结合住户实际需要和场地条件，适宜设置一些便于群体参与的活动场地，如篮球场、小足球场、游泳场、门球场等。不同体育运动场地的设置条件及群体参与性如表 2–2 所示。

**体育运动场地的设置条件及群体参与性**　　**表 2–2**

| 场地名称 | 尺寸要求 | 群体参与度 | 交往可能性 | 所受限制 |
| --- | --- | --- | --- | --- |
| 篮球场 | 14m × 26m，<br>可设半场或仅设一篮板 | 大 | 大 | 雨雪天气受限 |
| 小足球场 | 男子：（59~69）m ×（101~110）m<br>女子：（37~55）m ×（73~91）m | 大 | 大 | 雨雪天气受限 |
| 游泳池 | 长边 25m 或 50m<br>住区泳池可自定尺寸及形状 | 大 | 中 | 寒冷季节及雨雪天气受限 |
| 门球场 | 24m × 19m | 大 | 大 | 雨雪天气受限 |
| 网球 | 11m × 24m | 小 | 小 | 雨雪天气受限 |
| 羽毛球 | 单打：5.2m × 13.4m<br>双打：6.1m × 13.4m | 小 | 小 | 风雨雪天气受限 |
| 排球 | 9m × 18m | 中 | 中 | 雨雪天气受限 |

从表 2–2 可见，虽然篮球、小足球场的全场场地偏大，不适于居住小区级和居住组团级的住区。但因住区中的运动场地是以娱乐为主的非比赛场地，可借用其他硬质场地（如住区广场），再辅设单个篮板或球门，也能起到促进群体活动的作用。

在南方地区，游泳是非常受欢迎的运动项目，结合住区景观设计，住区游泳池的形态、设施等有所区别。在游泳池边宜设置休息区，放置一些躺椅、坐凳、茶几、遮阳伞等，方便居住在同一社区的游泳爱好者在此结识、交谈。有些住区还在水边设置了吧台，使居民可以更长时间在此驻留，在轻松休闲的气氛中与家人或朋友一起活动。如果游泳池条件适宜，可组织一些趣味性的游泳比赛或水上运动，使更多的居民经由共同爱好的集体运动而结识为友。

（2）健身器械区

室外使用的健身器械可设置于多处，如架空层下的半开放空间、步行通道的旁侧、荫蔽凉爽的小树林中、繁花似锦的花丛附近，都可以悬挂几对吊环，配置若干单、双杠，摆放一两个扭腰器、健骑器等。器械的外观、色彩应尽量与场地小环境协调，否则，就不宜直接将健身器械放在位置显著的开放场地，如图 2–20 和图 2–21 所示。

图2–20　上海达安花园：休息长廊旁树荫下的小型健身场地

图2–21　新加坡Marine Crescent Gardens：设置于沙场上的健身区安全、实用，配有使用说明标牌

4. 住区广场

从 20 世纪 90 年代开始，“广场”一词在中国变得时髦起来，而当时的新建住区中，也经常可以看到“广场”的踪影：小区入口有入口广场，内部有配合一定主题而得名的太阳广场、罗马广场、鲜花广场等，有时一个小区就有十几个广场之多，如图 2–22 所示。这些广场究竟起什么作用?

图2–22　哈尔滨某小区：广场的设计气派轩昂，但偌大的场地中却空旷无人

在历史上，“广场”最早出现于古希腊、古罗马，并逐渐在欧洲大陆盛行。如今，人们在许多欧洲古城镇还可以看到很多古代广场的遗迹。古代的欧洲城镇规模偏小，城镇住宅以低层为主，街巷密度较高。这些街巷的布局与古代中国城市街巷的方整网

格结构不同，它们呈现有机的不规则形态，反映出城市自我生长的痕迹。尽管城市街巷布局错综复杂，但在其中行走穿梭的人却不感单调枯燥。这是因为在这些迷宫似的线形街巷的节点处，不时会出现或大或小、形状各异的开放场地。与街巷相比，这些场地可接纳更多的阳光，也吸引着更多人在此滞留，这就是欧美人口中常称的“Plaza”或“Piazza”。在欧洲城镇中的广场大多尺度适宜，并配备有当地人喜爱的各种设施，且以室外咖啡座和餐厅最常见，只要天气许可，总有很多居民在此逗留，时间一长，许多原本素不相识的人便成为朋友。所以，早期的城镇市民广场是一种普遍的社交场所。

到了文艺复兴时期，随着宗教势力的扩张，欧洲各国的大教堂成为城市最显著的建筑。越是庞大重要的教堂，进出教堂的教徒越多，许多大教堂前面辟出大面积空地作为人流集散地，这就是配合宗教活动的广场。逐渐地，这些宗教广场的设计越发地华美、壮观，成为教堂建筑不可分割的一部分。这种带有宗教性的广场大多位于城市中心位置，人流大，周围不仅有各种餐饮、集市、零售设施，还不时有一些画家、乐手等的参与。所以，尽管这种大尺度广场本身具有象征性，但其使用率并不低，尤其是在宗教活动日，广场内更是人头攒动、景象壮观。

由于欧洲的宗教性广场常常规模宏大，又是人气聚集之地，这便引起各地设计者的注目和学习仿效。在中国的一些住区内，也出现了许多大尺度的广场。但遗憾的是，这类广场虽有气派的外形、中轴对称的图案以及源于西方建筑的柱廊、雕塑等，其使用率却很低。它们在构图上可能具有视觉冲击力，但其规模越是宏大就越显空旷。除非有特定的社区活动，很多住区的欧式广场至多被视为交通通道，没有人愿意长时间停留在这种广场上成为众人注目的焦点。究其原因，我们可以从以下几方面分析认识：

（1）欧洲古代城镇的广场尺寸虽有大有小，但其规模与建筑环境背景相当；而我国住区中的许多广场贪大，却因此丧失了近人的尺度感。

（2）欧洲古代城镇的广场空间由周边各种建筑围合而成，广场与周边建筑有密切关系；而我国住区的许多广场仅仅在平地上划出规则对称的几何图形，周围建筑按照另外的形式布局，并未认识到三维空间构成对场所感受的意义。

（3）欧洲古代城镇广场大多与街道空间紧密联系，但其位置及空间形态却比街道空间独立、特出，具有很强的空间领域感；我国的许多住区广场仅仅是对步行道甚至车行道空间的局部简单放大，很少有人愿意长时间滞留在这种经过型空间中。

（4）欧洲古代城镇的广场上有形形色色的活动，无论是广场周边的露天咖啡或茶座，还是广场内部的观演节目，都使得广场长期保持活力；而我国住区广场上的活动内容少，周边也没有可供休闲逗留的公共设施。

因此，如果要在我国的城市住区内部建造广场，该广场的尺度应适中、广场边缘或内部需有庇护物和休息设施。由于住区广场与居民的日常生活相关，其形式不必拘泥于规则式或完整、大面积的硬质铺地，应考虑到住区广场是多功能的，其内的活动内容和形式灵活多变。例如，在平时，广场可作为小群居民聚会聊天或儿童活动的场地；当三五个家庭聚在一起时，广场可提供儿童们即兴表演的户外舞台，而广场边上的座椅或草坡均可作为观众席位；当住区有面向全体住户的展演活动时，住区广场应能被临时改造为小型的观演或展示场所（见图 2-23 和图 2-24），如果广场面积有限，广场周围的草坪和休憩活动场地也可因时因势用作广场的预留空间。

如果将广场用于露天演出，尽量将舞台与最远处观众的距离控制在 35m 的直径范围内，否则，观众无论从听觉还是视觉上都可能无力准确地捕捉演员。超大尺度的室外广场既不利于对场地的充分、灵活使用，还容易产生空旷、冷清的环境氛围，令居民望而却步，无助于社区交往活动。由于大型广场的使用效率低，如果住区规模较大（居住小区或居住区级），比较理想的做法是结合商业街或商业中心布置大型广场，以达到相互聚集人气的热烈场面，如图 2-25 和图 2-26 所示。而且，大型住区广场应借助绿化、铺地及小品设施等的处理弱化其空旷冷漠的感觉，即使在缺少居民使用时也不会感觉单调乏味。

图2-23　上海某住区：20世纪90年代后期的住区喜建大尺度欧式广场，广场荫庇效果差，并非一个有吸引力的住宅公共活动空间

图2-24　深圳万科桂苑：将圆形广场空间缩减为小巧精美的水景空间，其环境亲切、安全，也构成孩童所热衷的场所

图2-25　香港愉景湾社区广场：该广场邻近社区入口，周边环绕商业、餐饮、社区服务等设施，构成内聚力很强的下沉广场

图2-26　香港愉景湾社区广场：社区居民三三两两闲坐在宽大的台阶上，观看、吃东西、聊天、阅读，享受休闲、惬意的社区生活

如果住区内部设置有集中式广场，尽量多发挥其实用性，而非使其仅成为装点住区门面的饰品。结合时令节庆及居民需求，可举办定期或不定期的社区音乐节、运动会、文娱表演、展示活动、防灾演习等，充分发挥广场空间的集会功用，如图2-27所示。

住区广场的铺地材料应有防滑处理，避免儿童奔跑或居民急行时发生危险。有经常性集体活动的住区广场应与住宅建筑保持适当距离，避免广场内的活动影响居民休息。

5. 会所附属户外空间

住区会所是现代城市住区中的重要内容，人们倾向于将会所设施的优劣与享受住区生活质量的高低相提并论。事实上，能够提供多样化服务和多种活动项目选择的住区会所，是住区居民活动的聚集点，它确实给居民生活带来很大乐趣。特别是当会所的外部空间也能提供舒适宜人的景观环境时，室内空间与户外空间的相互渗透和群体活动的热闹气氛可提升会所内外空间的感染力，居民愿意在这样的环境中长时间滞留活动，并在此过程中产生自然的居民交往。所以，会所内外空间是促进社区软环境建设的重要元素。

比较理想的会所区域应能提供足量的户外开放空间，这种开放空间可以是以动态活动为主的游泳池、运动场（见图2-28），也可以是以静态活动为主的花园、庭院或林地。靠近会所而设的运动场地可为居民就近提供休憩设施且方便管理，在会所室内空间休息的居民也可以观看户外空间的活动；靠近会所而设的花园、庭院是经常被设计者忽略的空间，这类户外景观空间不仅可以改善会所建筑内部环境，而且可利用成为部分居民的聚会场所（见图2-29）。由于有植物、建筑等的围合，这类附属空间也可能成为特定群体的活动空间，例如，习惯早起的老人们可利用此地作为每日学京剧、拉二胡、唱歌的根据地，他们可以就近借用会所内的演出设施，而相对郁闭的空间又可防止他们的声响影响尚在被窝里的居民。

除邻接会所的附属户外空间之外，还有开明、有远见的开发商将那些常常被人们所忽略的场地设计为居民的活动空间。例如，利用建筑的架空底层空间，将其设计为半开放式的交往空间，这也是从南方地区开始流行的“泛会所”概念，如深圳的万科金域蓝湾、万科金色家园，重庆的复地上城，上海的东苑古龙城等，都设置有大小不一的“泛会所”空间。

图2-27 上海秋月枫舍：玻璃和木隔栅构成的顶棚增加了住区广场的使用率，即使在平常也被居民用作跳操和学习舞蹈的场所

图2-28 上海绿城：紧邻住区会所的游泳池及休闲座区为居民提供便利和舒适的交往空间

图2-29 上海绿城：住区会所旁的庭院区绿意盎然，为居民的交往活动提供更多选择

出于对私密性和南方潮湿气候的考虑，高层住宅的底层居室常常无人购买。但如果将这种空间加以景观改造，就可成为与外部公共景观相互融通的半开放场所，使住区的景观环境和居民的活动范围得以延展。看似损失了一层面积，但其对提升住区居住品质却有重大意义。这种有顶的公共场所也为居民提供了遮雨雪、挡风尘、防止烈日直射等的庇护地，使居民在不良的气候条件下依然可以步出家门活动。在南方高密度住区中，有些底层部分架空净高达6、7m高，弱化了底层空间可能产生的压抑感，使内外空间得到很好渗透，而居民在底层空间的活动内容也因此拓展，如图2-30和图2-31所示。

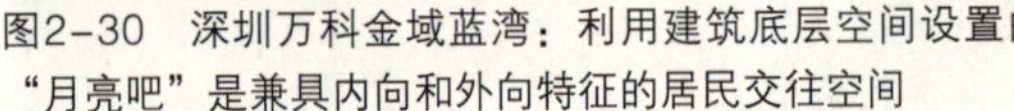

图2-30 深圳万科金域蓝湾：利用建筑底层空间设置的“月亮吧”是兼具内向和外向特征的居民交往空间

图2-31 深圳万科金色家园：设置有运动器械、休息坐具、植物花坛的“泛会所”空间宽敞整洁

实际上，如果将“泛会所”的概念扩大为半开放式公共活动空间，每个住区都可能发现和营造可资利用的“泛会所”空间。除了底层架空空间外，住宅单元邻接的廊道、带顶棚的亭榭台地等，只要出入便捷，尺度舒适，都可以开发为居民在不良气候条件下的公共活动场地。

### 2.3.5 促进“人—人”互动的住区组景要素设计

#### 2.3.5.1 人行通道

1.“人车分行”还是“人车混行”？

“人车分行”还是“人车混行”？这是一个规划界争执很多的问题。

20世纪20年代，由于住区内部车辆增多，为保证居住环境安静和安全，美国社区最早开始了“人车分行”的做法，由美国建筑师斯泰恩（Clarence Stein）设计并建设的拉德本（Radburn）体系和佩里（Clarence Perry）提出的“邻里单位”（Neighbourhood Unit），都体现了这一思想；但当“人车分行”盛行各地时，有关学者又质疑这种交通方式使得大量的车行道缺乏生气，同时对居民出行造成不便。本书无意评论孰是孰非，但结合我国城市住区建设的现状来看，对于多数规模不大、居住密度高、机动车交通量大的住区而言，人车分行的做法是比较适宜的，它所倡导的“反对车行为先”的理念对社区交往有益，而人车分行后所留出的大面积步行空间的确为“人—人”交往提供了更多机会，如图2-32~图2-34所示。

图2-32　上海某住区：环绕住区中心的宽幅机动车道剥夺了居民的日常休闲活动场地，并助长了住区环境的冷漠感

图2-33　上海绿城：人车分流后，形成大面积连续的步行空间，大大提升了户外空间的吸引力，增加了居民住区活动和相互熟识的机会

图2-34　新加坡Red Hill住区：人车混行的道路采用与步行道相似的花砖铺砌，促使车辆缓行

2. 人行通道的设计与“互动”行为的促成

尽管人行通道的设置有助于居民交往，仍需要设计者有意识地关注通道的选线、尺度、选材、设施等，以促成更多的“人—人互动”行为。人行通道设计时应注意以下内容：

（1）通道选线：线型优美，适当迂回，在可能情况下力求步行路线多样化、系统化。人行通道的线型不宜太过僵直、单调，否则行人容易感觉冗长而丧失散步的兴趣；适度弯曲的步行道及遮放有致的沿线景观能增加步行时的视觉丰富度，激发人们在住区公共空间漫步及参加其他休闲活动的愿望。步行路线的多样化和系统化可延长居民的散步路线，和增加居民主动步行活动的可选性。

（2）通道的尺度：根据住区规模及步行道在住区内的主次关系确定，保持近人的尺度感。主要步行道路宽度可在 2.5~4.0m，为减缓步行路径的冗长、单调感，步行道可局部加宽，以拓展儿童的游戏空间及居民的临时聊天场所。

（3）通道的材料：考虑婴儿车、残疾人轮椅、滑板、手推载货车等对坡度及地面铺装条件，吸引更多人群参与；主要的步行道应尽量平缓、干燥、洁净，如非坡地住宅则少用台阶。主要步行道的铺装应美观、醒目，以吸引居民前往，步行道的地面材料不宜使用卵石、砂砾、散石等表面不平或不耐磨损的材料，避免步行道湿滑和出现积水、淤泥等通行障碍。

（4）通道上的设施：普通人可接受的步行距离为 400~500m，幼童、老人、残障人等更短，故需要及时配置休息设施，如凳椅或庇护设施等。此外，人性化的标志设施也是步行通道的必需物，如图 2-35 和图 2-36 所示。

（5）残障人通道：为方便住区的残疾人与他人交往，与住区内的植物、动物接触，也需要为其创造便于通行的路径，盲道、残疾人坡道、防滑路面的设置，都是为行动障碍者提供方便。通行轮椅车的坡道宽度应≥ 2.5m，通行轮椅的道路纵坡不应大于 2.5%，路面避免沟缝和凸棱。关于无障碍设计的基本要求，已被一些城市列为新建筑设计的法定条款，如图 2-37 所示。

图2-35　新加坡Red Hill住区：人行通道与车行道分界处生动、醒目的警示标志

图2-36　新加坡New Crescent住区：为残障人预留停车位

图2-37　上海绿城：精心设计的无障碍通道与台阶处理

3. 住区休闲商业街

当区域划分明确的居住区普及于城市之中后，人们逐渐感觉到单一功能的住区缺少了生活空间所需的丰富多样性和便利度（见图 2-38 和图 2-39）。于是，商业、办公、居住场所、新型社区产业开始重新融合，成为国内外住区规划的新趋势。例如，日本著名的多摩卫星城提出了 α-Room（α 在日语中为额外的意思）式住宅，实际上即是一层沿街部分作为商铺的商住混合用地形式。在我国新建城市住区中也频繁出现了整体设计的住区商业街的模式。

图2-38 上海棉纺新村：被现代住区排斥的小店铺（如修鞋铺）常常成为居民聚集点

图2-39 新加坡Marine Crescent Gardens：传统的流动售货车也是吸引居民聚集的元素

将商业街引入城市住区的模式，是设计者和开发商从我国及欧美传统城镇街道风貌得到的启示。我国古代城镇街道展现了浓厚的市井文化，尺度宜人、热闹纷呈的街道空间是人们日常交往的重要场所；欧美传统城镇的街道空间洋溢着轻松惬意的散漫气息，许多素不相识的人会围坐在街旁啜饮小憩，享受阳光、食物和与人交往的乐趣。所以，适建于住区内部的商业街应属休闲商业的形式，避免过于强烈、喧闹的商业气氛影响居家生活的轻松心情。如今，有不少大型的现代城市住区内部都营造了形色各异的休闲商业街，不仅为方便居民购物，更在刻意增强住区的生气与和乐氛围（见图 2-40~ 图 2-43）。

然而，多数古代城镇的商业街道格局和气氛都是历经数十年甚至数百年的发展逐渐形成的，呈现出有机生成的自然和随意。而我国的多数城市住区则是在一

图2-40　上海古北新城黄金城道景观轴线两侧是服务于住区居民的小型店铺

图2-41　黄金城道步行街上的店铺类型多样，吸引居民在此驻足

图2-42　社区内的商业街也是安全舒适的休闲活动场所

图2-43 上海泰晤士小镇：住区中心的休闲商业步行街完全模仿欧式小镇而建，街边的咖啡茶座为居民提供了亲切自然的室外交往场所

块块空白土地上一蹴而就，缺乏时日的历练。仅仅从外观及硬体环境方面去仿制出一两条街道是简易而快速的，但居住于这类仿制环境中的现代城市居民是否也能如同其原型商业街中的人们一样，轻松自然地与邻里交往活动？住区内部的商业街道上是否能如设计者初衷那样聚集人气？这些尚需软体环境的强化和时间的检验。不管成效如何，这一做法表明人们开始意识到现代城市住区内人文环境的重要性，正在努力通过各种途径去改善和促进社区建设，并且，住区景观营建对这种物质环境的形成有着决定作用。

在住区内部组建商业街，首先需控制商业街的规模，避免过于庞大、嘈杂的商业空间扰民；其次，应把握好商业街道的整体风貌及其与住区其他景观的关系，特别店铺的经营内容，宜开设与住区居民消费层次及群体喜好相吻合的内容，以方便居民日常生活和促进居民健康的交往活动，如环境雅致的室外茶座、倡导时尚生活的特色礼品店、休闲书屋、花店等。对于饭店、菜场等内容则须谨慎设置，因其产生的油烟污染、垃圾废弃物等问题不仅妨害景观环境，还常常成为引发邻里争端的导线。此外，精心配置的景观设施或小品也是休闲商业街的必要内容，其景观设计应保证居民在休闲商业街上活动时的舒适惬意感。例如，街道铺地的图案力求丰富生动，庭荫树宜挑选树冠浓密、树干挺直的乔木品种，街道上的造型花池宜突显其绚丽时尚，街道的夜景设计则讲究温馨而不刺眼，坐具及其他景观小品的设计宜舒适、质朴、简洁，橱窗的设计力求彰显其独特个性。总之，作为住区整体生活环境的一部分，社区商业街的景观设计应贴近居民生活，为居民营建轻松、休闲的居家购物环境。

2.3.5.2　户外坐具

1. 居民互动活动与住区坐具的安置点

在国内的新建住区中，不时可以看到很多景观设计考究的住区，虽然外观气派、细部精美，却没有考虑为居民的停留提供适宜的休憩设施。即使居民有意在这样的环境中活动，也难以坚持在此很长时间站立或行走，从而丧失了居民互动交往的机会。而一旦有了座椅，就为居民较长时间的户外活动提供了条件，成为居民互动的开始，如图 2–44 和图 2–45 所示。

与前述的无座现象相对，有许多住区的外部空间设置了不少座椅，但在多数时间却无人问津，闲置一旁。究其原因，并非座椅丑陋污浊，而是因这些座椅的位置不当，位于既无荫庇，又无景观的地方，导致那些位于住区景观“主轴”上的、做工考究的座椅只能成为一种装饰物，如图 2–46 所示。

图2–44　上海某住区：林下空间是颇受居民欢迎的场所，缺少坐具的居民只能从家中搬出桌凳置于此

图2–45　上海某住区：这类缺乏座位的公共空间在上海住区并不少见

安置住区坐具时，选点的要素是判断该处是否有吸引居民停留的可能性。宜人的小气候环境、优美的风景、活动场地和步行路径上的停歇场所等，都可能成为居民驻足的原因。所以，住区内人口密度较大的公共广场内、可观赏住区内外优美景色的观景处、阴凉安静的林荫下、多群聚活动的健身游戏场、临近喷泉流瀑的亲水场地、长坡顶部和中途等，都需要为居民提供足够的就坐设施，如图 2–47 和图 2–48 所示。而且，当身处

图2–46　上海某住区：步行小径旁无人光顾的座椅

图2–47　上海绿城：树荫下座位使用率颇高

图2–48　北京望京花园遮阴廊架下设置座位

开放空间时，由于边缘引力的作用，人们还倾向于在两个不同空间的交界处就座逗留，如广场边缘、水池岸边、步行道边缘等，都是适宜放置坐具的位置。

在步行道旁侧布置坐具时，应注意步行道有足够的宽度，避免给行人带来被监视的感觉。如果一定要在狭窄的步行道旁设置坐具，应尽量使坐具后退道路 1.3m 以上的距离。这样，坐在长凳上的居民既可以与邻居轻松聊天，又能够轻松自如地观看来往者，还不至于给路人造成不悦的心理感受（根据 Edward T.Hall 所述，亲朋好友之间的交流距离为 0.45~1.3m，普通邻居及同事之间的交流距离为 1.3~3.75m）①。

据美国公共空间项目公司调查，平均每 $10m^2$ 的广场空间应有 1m 左右的座位。为方便老人及其他行动困难的居民，住区内步行道路上的坐具间距不应超出 100m。住区公共空间的座位数量及分布密度可参考此数值。

2. 住区坐具的利用

当居民“坐”在住区的公共空间时，可从事的活动是多种多样的，有些活动是一人完成的，如阅读、小睡；有的活动可能是一人或多人共同进行的，如饮食、日光浴、“看”人；有的活动需两人以上参加，如闲谈、棋牌。为住区布设坐具时，应结合外部空间的景观和使用特征安放，使不同的使用者可各取所需。既有便于个人独处的安静空间，也要有鼓励多方交往的围聚型场所。

住区坐具根据其使用功能可分为单用途坐具和多用途坐具。前者指专用特设的座椅、座凳，以固定或可移动状态存在；后者指利用花坛边缘、台阶、挡墙等设计的座位，多以固定形式存在。由于多用途坐具的使用更加经济和节省空间，即使在无人时也不至于空泛，在景观设计中很有发展潜力，能提高住区景观设计的整体性。

3. 住区坐具的用材及细部设计

考虑到使用强度、舒适度和室外气候条件，坐具材料应选用耐磨、抗腐蚀、导热系数较低的类型，并对边角做圆角处理。与冰凉、生硬的金属、石质、混凝土材料的坐具相比，木制坐具更舒适，为大多数居民所喜爱。

为方便居民群体交往活动，坐具的形式应多样化，除常见的“一”字形、“口”字形等离心型交往椅凳之外，还可结合景观设计布置“L”形、“T”形、“S”形以及内凹的弧线椅凳等向心型交往坐具。也可将“一”字形坐具设计为无靠背的宽幅长椅，或者在居民活动较多的地方设置一些可移动的坐具，增强住区公共活动空间使用的灵活性。多样化的坐具形式有利于居民群聚闲谈或开展其他活动，而新颖、独特的坐具设计本身也能使住区景观更加生动有趣，吸引更多居民参与，如图 2–49 和图 2–50 所示。

老年人活动较多处的坐具尽量选用有靠背和扶手的类型，舒适宜人的座椅设施可以吸引老人们在此停留更长时间。

4. 户外桌子与坐具

据调查发现，在住区日常活动中，居民聚集密度相对最大的场地一般都是有桌有椅

① Gehl，Jan.*Life Between Buildings*，1987， P71。

图2-49　重庆龙湖花园蓝湖郡：沿步行小径开辟的休息区，座椅设置随意且便于居民交流

图2-50　有利于居民交流的坐具布置

的空间。住区坐具的设置倾向于将居民线形分布，而桌子的配置则使该空间具有了向心性，居民乐意于在这样的场所群聚活动。

当不太熟络的邻居并肩坐在凳上交谈时，有时会产生一种因局促空间而生的尴尬感受，这种心理障碍不利于居民的轻松交流，会缩短居民之间的交谈时间；而在坐凳间增设了桌子之后，人与人之间的距离相对拉大，居民之间面对面地聊天显得更为自然、随性，所以，桌椅休憩区的居民可以逗留很长时间而无不适之感。

住区的户外桌子可以是多功能的，居民聊天时可以随意地将手搁放在桌上；有些居民喜欢携带一些零食在此闲坐，桌子可充当野餐桌的功能；有些热衷于下棋的居民会自带棋具在此对弈交友，如果桌上有内置棋盘，将为他们提供很大方便；位于幽静区域的桌椅区还是住区读书族阅读、写、画的适宜去处。

2.3.5.3　景观环境设施

在开放空间中适当布置一些亭、廊、棚架之类的庇护设施，实际上形成了能为居民提供心理上的安全感和私密性的亚空间。在烈日、雨雪等恶劣天气情况下，亭、廊等有顶或有围护结构的景观庇护设施为那些习惯于每日户外活动的居民提供了替代去处（见图 2–51）。特别是行动不便的老年人，尽管他们在生理和心理上都很需要经常感受外部环境，但他们对天气情况特别敏感，如果缺少景观庇护设施，在寒冷、酷暑或风雨天气情况下，他们会疏于外出，从而影响住区“人—人”互动交往的几率。

图2–51　上海香梅花园：滨水的观景亭是深受居民欢迎的聚集休闲设施

为形成亲近宜人的交往环境，庇护设施的尺度不宜过大。一般而言，一个交往区域的距离宜在7m以内，超出此距离则会产生疏远感，且人耳辨别声音的能力较弱，不利于社区居民交往。

此外，为方便居民较长时间停留在住区开放空间，还需根据住区规模设置小型卫生间、室外饮水器、电话亭等设施。如果住区会所靠近居民的户外活动中心，可借用会所建筑设置一部分公共服务设施；否则，这类设施构筑物的选址、外观等必须经周全考虑和妥善处理，使其既方便居民使用，又不致因体量、造型等方面的突兀影响住区外部空间的整体景观。

2.3.5.4　灯具与照明系统

灯具是保障居民在傍晚及夜间活动的必要元素（见图2-52）。在距离住区入口、住宅单元入口、住区停车场、主要道路两侧、夜用运动场地及距离住宅建筑较远的公共活动区域等，需提供比较充足、明亮的光源；在住区大部分户外区域，考虑到居民夜间活动的视觉舒适性和防止对住宅内部居民的干扰，适宜使用能提供柔和灯光的中低照度光源；在需要达到特殊景观效果的区域，则需进行专门的灯光照明设计，如：定期或不定期开展夜间观演活动的区域，需预先铺设电线、预留通用插座、安置电气设备等。

图2-52　北京望京花园：在灯光下追逐的儿童对夜间游玩颇有兴致

住区步行空间的灯具宜设置矮杆灯或草坪灯，灯光的照度宜柔和，灯具之间的间距宜小并尽可能采用低瓦数、小功率的节能型照明产品，12V左右的灯光可使住区景观及建筑物呈现本色之美，并产生清晰、精确的投影。虽然高杆灯的投射范围大，看似能节省灯具数量，但因其灯光效果过于夺目，常常使被照射物的颜色失真，其产生的阴影面积大、模糊、暗重，常令人恐惧不安。此外，过于明亮的灯光还会干扰住宅内居民的休息和睡眠。所以，高照度的高杆灯并不适于大量运用于住区外部空间。为避免眩光，尽量不使用光线向上或向外的照明设施，否则需要对这类照明设施加以防眩光处理。

在植物繁茂的场所，需特别保证其充分的照明设计，否则，居民可能因缺乏安全感而有意回避这类空间，导致住区外部空间的夜间使用率大幅降低。随着夜间户外活动的居民增加，必然会感染和带动其他居民的加入，当住区夜间活动的居民数量达到一定程度，人们对于夜间活动的不安情绪会自然消失。

除安全照明的要求外，住区内部的灯光效果应突出温馨、柔和的居家气氛，这样有助于居民自然、平和地交谈或开展其他活动。美观、细致的照明设计能使住区外部景观空间表现出不同于白昼时分的奇特魅力，吸引那些白日无暇在住区活动的居民能于傍晚和夜间利用住区公共空间。如果住区内有水景，则可在水边、水中或水底适当设置灯具，以增加住区夜间景观的层次，同时也能起到安全、警示的作用。

## 2.3.6　容易产生“人—人”互动活动的场所特征

### 2.3.6.1　通达性强的空间

人与人产生交往活动的先决条件是能够相遇，所以，临近入口空间（如小区出入口、住宅单元出入口、自行车停车场出入口等）的场地也是居民交往活动频繁发生的地方，如图 2-53~ 图 2-55 所示。如果在这些场地的附近辟出小块场地，它们将是很有潜力的社交场所。深圳的万科金域蓝湾住区，即在其住宅底层空间近电梯间处特意设置沙发、茶几等休息、闲谈区域，如图 2-56 和图 2-57

图2-53　上海佳佳花园：在自行车停车库出入口自然形成的交往空间

图2-54　上海佳佳花园：住宅单元出入口是发生交往活动的重要场所，即使缺少座椅设施，居民也愿意从家中搬出椅凳

图2-55　上海康乐小区：住宅单元入口空间在方便住户交流的同时，起到监视非法入侵者的作用

图2-56　深圳万科金色家园：将相邻单元的底层空间用廊道连接，促进不同单元的居民相互交往

图2-57　深圳万科金域蓝湾：利用单元底层空间营造舒适而轻松的交往空间

所示。这样的场景，不仅为邻里交往提供了适宜空间，而且，一旦有陌生人或不法分子进入，很快即被聚集在这些入口区的居民群体所识别和监视，无形中产生了安全防范效用。

处于住区或组团中心位置的公共场地也具有促发居民交往的优势，但这种空间如果缺乏通达性，就可能遭到居民冷落。曾作为示范性居住小区的上海康乐小区中有一块专门设计的公共活动场地（见图 2–58），它由住宅建筑围合而成，类似一个传统的院落空间。该场地位于一层高的台地上，台地下方的空间正好利用为自行车库。根据设计者的初衷，这里应是小区居民集中活动的场所——直通该活动平台的通道上设置了健身器材，两侧绿树成荫，环境宜人。平台上除设计有景观小品之外，沿场地周围还设置了很多座凳。然而，在实际使用中，该场地的使用率却相当低，而其症结正是通达性太弱。到达该场地的路径唯独南面有一通道，其他各向均无进出路径。虽然平台周围有住宅建筑，但没有一个住宅单元的出入口需经由平台，相反，其出入口全部背向平台而设。再加上该场地又处于一层台地上，很少有居民愿意特意绕一大圈、再爬上多级台阶进入该尽端式场地。可见，违背居民日常活动习惯的活动场地规划设计可能使活动空间被浪费。

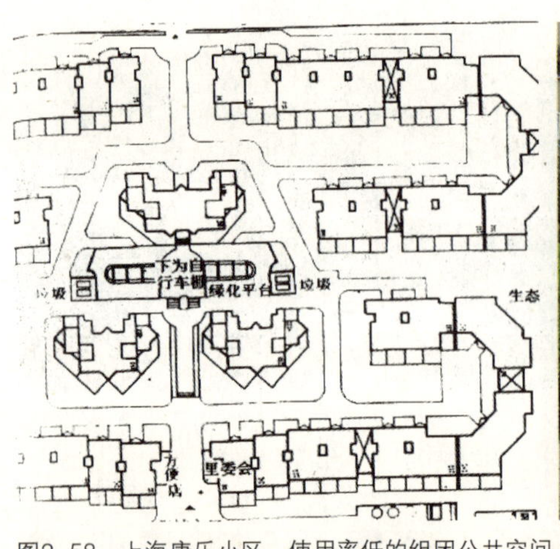

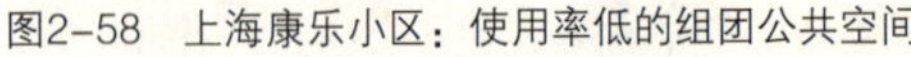
图2–58　上海康乐小区：使用率低的组团公共空间

2.3.6.2　外部干扰小

虽然通达性好的空间有助于交往活动的发生，但经观察和调研发现，并非所有通达性好的场所都是最受欢迎的公共活动空间（见图 2–59）。如果在交通空间和滞留空间之间没有适当的过渡空间，将会给通行者和逗留者都带来不适。特别是当活动空间紧邻交通要道（特别是车行道），有些甚至就在主要的人行通道上时，居民的活动很容易受往来车辆和上下班人流干扰，而且还会在潜意识中造成被人监视的心理障碍。

为了营造气派的住区环境氛围，不少住区将欧洲宫廷园林里的轴线对称手法运用于

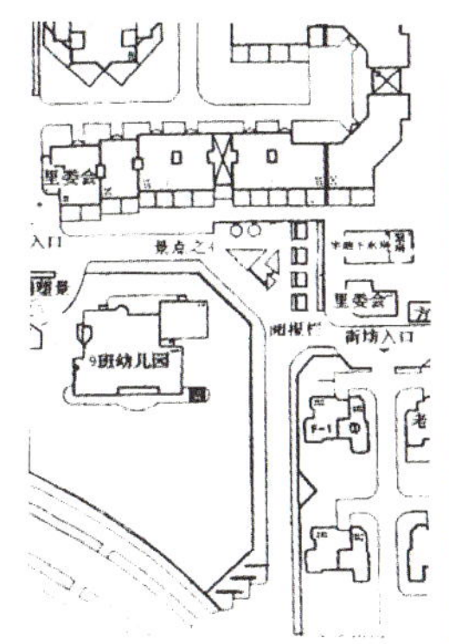

图2-59　上海康乐小区：使用率不高的主路转角处公共空间

规划设计中。特别在住区主入口，常常由一条宽大笔直的主轴线彰显气势。该轴线一左一右各有一条宽可容两、三辆车并行的车行道，车行道中则是精心配置的图案式公共绿地。从外观看，这种空间的确有视觉震撼力，但夹在车行道中的大面积公共绿地却大多沦为交通分隔带或交通岛，仅仅起到纯装饰作用，很少有居民愿意跨过车行道前往活动（见图 2-60）。

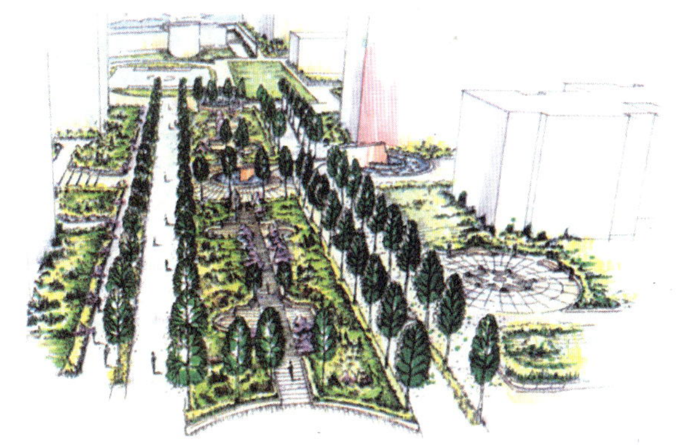

图2-60　北京某住区效果图：图面上壮观气派的公共绿地处于交通岛的地位，但使用率并不高

除了住区交通要道的人流、车流等不安定因素的干扰外，其他对交往活动有妨碍的干扰都可能造成住区空间的无效使用，如紧邻城市交通干道的场地会受到噪声干扰，正对制造业工厂下风向的场地会遭烟尘干扰，如果不能采取措施防范或减少这些干扰，这样的场地即使设计精美也难聚人气。

#### 2.3.6.3　有庇护感的空间

除了通达性好、外界干扰小之外，容易产生“人—人”互动活动的场所还需具备另一特征——有庇护感。通达性强的空间具有外延性特征，而有庇护感的空间则具有内含性特征，即：使用率高的公共场地兼具外延和内含特征，它既具有朝外开放的视野，又能满足居民潜意识里对围护性场所的心理需求。所以，相对围合的院落空间里、大树荫下、构筑物旁、单元入口等，都因具有一定的庇护性而受到居民欢迎。

封闭型空间较开放型空间更能产生领域性和庇护感。与行列式布局相比，组团式的或围合（半围合）布局更能激发居民的归属感，促进社区交往。然而，不同尺度感的住区空间产生的围合效果也很有差别，一般而言，低层高密度的住区围合空间更能吸引居民就近活动，有助于居民相互交往；而高层住宅宅间绿地的观赏性远胜于实用性，随着居住楼层的增高，居民的户外活动减少，致使同一居住单元的居民之间难以相识和开展交往活动。

除了通过建筑组合来形成具有围合感的空间外，也可利用植物或景观构筑物将过于开阔的场地适当分隔、或构成庇护性场所，以增强该空间使用的有效性，并为居民交往营造亲近的背景环境。

2.3.6.4　景观环境良好的空间

良好的景观环境容易改善人的情绪和激发人的乐观精神，由此增加了居民之间主动产生交往的可能性。

景观环境良好的空间，其一指景观微气候条件良好，其二指场地自身有景可观，其三指场地外围富有观赏价值的自然或人文景观。

1. 景观微气候条件良好

指场地具有适宜的阳光、气温、湿度、风环境等，人体舒适度高。其中，居民的活动受阳光的影响最大。无论南方还是北方的住区，都需要为居民的户外活动提供充足日照。我国国家标准《城市居住区规划设计规范》中也有“绿地的设置应满足有不少于 1/3 的绿地面积在标准的建筑日照阴影范围之外”的规定。虽然人体的适宜温度为 18~25℃，但即使在冬季 0℃上下的低温状态，仍然会有许多居民聚集在阳光普照且无寒风侵袭的场地活动。

与之相对，在夏季炎热地区，居民的聚集活动则转向有遮荫和良好通风的场地。同时，考虑到眩光问题，场地上的构筑物、小品设施及地面铺装等应避免采用高反射率材料，鼓励使用植物材料来防止和减少眩光（见图 2-61）。

2. 场地自身有景可观

场地自身有景可观，不仅指场地景观应具备一定的优美度和吸引力，还需具有一定的视觉复杂度。据观察，当场地上的视觉景观具备一定复杂程度时，居民会在此逗留更

图2-61　新加坡住区：即使是对环境要求不高的儿童，也乐意到有荫庇感的绿树或廊架下活动

长的时间，而当居民之间相互交谈时，他们也乐意一边闲聊，一边观赏视线所及的远近景观。所以，住区内的公共聚集活动空间应避免单调、荒凉，可通过铺地设计、绿化配置、景观小品设施组织、水景设计、场景材质或色彩的变化等各种手法提升视觉复杂性，增强场所的吸引力。值得注意的是，在设计者眼中"混乱无序"、"过于丰富"的景观空间，却能够聚集很多居民活动；而有些设计者钟爱的现代、简洁的景观空间，则相当缺乏人气。因此，当景观设计者在表达个人对现代艺术的理解时，还需针对特定的使用空间（住区）和使用者（居民）加以调整。

3. 场地外围富有观赏价值的自然或人文景观

指身处场地中的居民能够轻松捕捉到场地外围的风景，这种风景既可能是自然风光，也可能是人造景观，或者是人（群）的活动等。对于有些自身景观特征不明显的空间，如能处于观察外部景观及人流活动的有利位置，也成为吸引居民聚集活动的良好场所。

#### 2.3.6.5　案例分析

1. 上海康乐小区

康乐小区原有的主入口位于南面的桂林东街，该空间采用了轴线对称的手法，通过装饰立柱、花坛、树篱、山石对景等形成了一个仪式性的步行入口区域。不过，该空间虽通达性好，但庇护性差，又受人行交通干扰，所以，只能作为一个入口通道而无法聚集人气。后来，出于管理方面的原因，将此入口封闭，从而解除了其作为入口通道的功能。令人意想不到的是，这一区域竟从此成为该居住组团中最热闹的公共活动场所，在健身器械区、报栏旁、花坛边、空地上，都可以看到居民们熟稔、友好地闲谈、活动。康乐小区的景观设施在今天看来已显得陈旧，但居民之间彼此熟识的景象却是许多外观精美的新建小区所无法企及的。这样的场所，兼顾了空间的通达性与庇护感，同时排除了外部干扰因素，对公共空间使用率的提升很有帮助（见图 2–62）。

2. 北京回龙观文化居住区

回龙观文化居住区始建于 1999 年，分三期建设。从居民住区活动的舒适性来看，其一期的规划布局明显薄弱，反映了当时的住区开发偏重形式感、忽略景观心理感受的普遍现象。在其开工于 2001 年的二期建设中，住区的景观规划布局则予人耳目一新的感觉，平实、亲切的环境规划更适宜居家生活和社区交往活动（见图 2–63）。

### 2.3.7　良好的"人—人"互动活动对住区景观环境维护的反作用

当居住社区已建立起一定程度的集体意识之后，就会产生携手促进住区景观环境的良性循环。表现在社区内部，是居民加强了自身行为约束；表现在外部，则是居民以共同拥有一个环境优美的住区为荣，以及对外来不良事物的排斥。

#### 2.3.7.1　居民对自身行为约束

当一个住区的内部成员逐渐相识后，居民遵守社区公德的意识加强。在无形的社区监督力量下，现今住区中仍然普遍的随地吐痰、乱丢垃圾、折损花草、破坏小品设

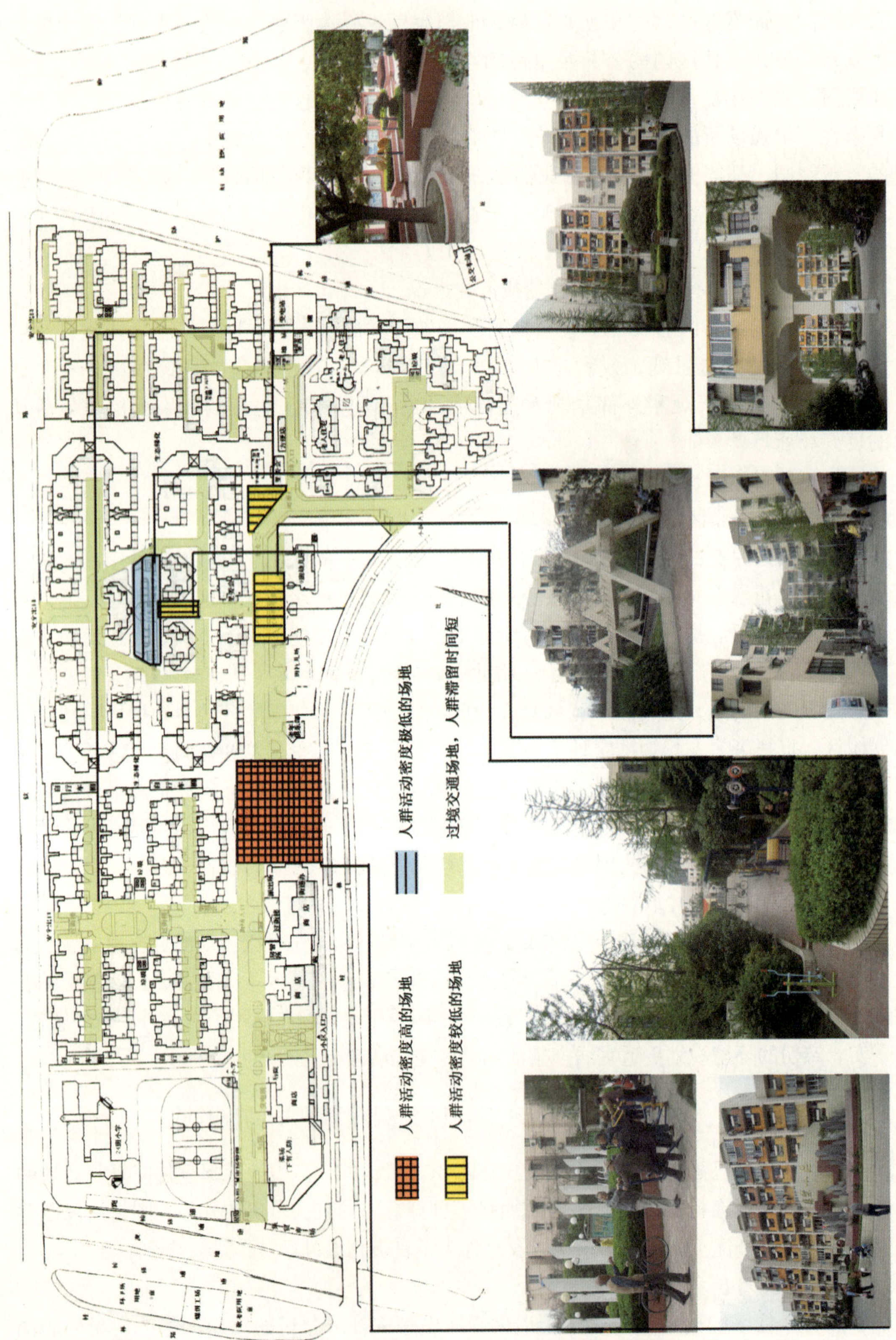


图2-62　上海康乐小区公共空间居民活动密度分析图

北京回龙观文化居住区一期平面及广场实景

北京回龙观文化居住区二期平面

一期活动场地对称式分散布置。其中，场地A处于入口轴线中心，下为半地下车库，需经5级台阶上行方可进入。且该场地被车行道包围；B1、B2是被车行道包围的交通岛式绿地；C1、C2位于入口两侧，是无法进入活动的观赏型绿地。综上所述，居民进入这几块场地活动的几率很小。

与一期布局相对，二期活动场地D1、D2呈不规则式连续布置。无论是出行于住区的上班族、学生，还是主动参与场地活动的居民，都能就近享用住区优美的景观环境。户外场地的利用率和居民交往活动的可能性大为提升。

图2-63　北京回龙观文化居住区一期、二期景观活动场地布局对照

施等现象将不复存在。当居民牵引着宠物在住区活动时，会自觉解决宠物的排泄问题；当孩童在踢球时损坏了住区灯具时，会主动告诉家长，并与物业管理处主动协商赔偿事宜。

当居民感觉有许多眼睛监督个人行为时，会为自己无意中对住区景观产生的破坏而不安，并及时做出补救；而居民的这种自我约束行为又会感染目睹者，使更多人即时反省和约束个人的某些不良习惯。

#### 2.3.7.2　居民共同抵制不良事物入侵

古代的社区以血缘关系为基础，同一社区的成员共同劳作，共同抵御外来侵袭。现代社区建立于共同价值和共同利益的基础之上，兼容了多种多样的生活方式。随着社区共同体的塑造、社区归属感的强化、社区户外活动的增加，社区监督能够成为抑制犯罪、保护社区环境的有力工具。

## 2.4 通过住区景观建设促进“人—植物”互动

从住房制度改革至今二十多年来，尽管城市住区景观设计发生着巨大的变化，出现过东方园林、欧美园林到现代景观的各种潮流，居民的审美倾向及对景观形态的偏好也不断更替，但多数居民对植物景观的认同和喜好却并未改变过。与那些精工细作、气派华丽的硬质景观设施或构筑物相比，植物更有助于消除生活在城市钢筋混凝土森林中的城市居民焦躁、紧张的情绪。绿色植物是人们向往自然的寄托物，也是人们评价住区环境优劣时所坚持的一个基本标准。

对于多数住区而言，并不缺少植物绿化。然而，当人们用大量植物装点住区外环境时，并不一定意识到人与植物之间同样可以进行各种形式的交流。如果仅仅将植物作为一种装饰元素看待，就很有可能出现前文提及的“形式主义”作风。在国内住区景观规划设计中，曾一度盛行法国文艺复兴时期的“勒 · 诺特”宫廷造园手法，在大大小小的住区空间中，充斥着修剪成几何图形的树木、回旋蜿蜒的绣边花坛。这样的住区景观可以在短时具有一定的视觉冲击力，却很难引发人们对植物本体的兴趣。更何况，这样的植物景观占据了城市住区原本稀有的开放空间，居民难以近距离地欣赏和感受植物的自然品质，只能从高楼上远远地望“洋”兴叹。

事实上，除植物的自然形态很具视觉观赏价值之外，植物还能为居民提供多方面的感官享受。例如，风吹动树叶时发出的沙沙声对居于城市的人们来说可以成为一种天籁之音；某些植物的花、果、叶、干等可以分泌芳香性物质，刈割后的草坪散发出的清新气息等，堪称涤荡身心的嗅觉体验；树荫下的空间也因其带给人们舒适、庇护性的心理感受而深受欢迎。当人们学会去关心、爱护身边的植物之后，便能感受到更多的来自植物的回应。

### 2.4.1 住区植物与居民的交互关系

#### 2.4.1.1 住区植物与儿童

对身边事物充满好奇心的儿童是“人—植物”互动的主要推动元素，住区内所种植的各种植物，不仅能为儿童提供游戏玩耍的元素，还是对儿童进行植物知识教育的活教材。

儿童喜爱在有植物的环境中玩耍，多样化的植物配置能提供给儿童丰富多样的游戏环境和游戏道具。

通过观察植物的枝干、叶片、花朵、果实、根茎等及其季相变化，可以帮助儿童了解特定种类植物的形体特征，对于培养儿童的认识和感知能力有重要意义。例如，在住区内种植葡萄、柚子、丝瓜、石榴、柠檬、橘树等果树，能使远离乡村农田的城市儿童对食用水果的由来及生长成熟过程有基本认识，这比单纯识读书本上的图片更为直观、生动。如果能让儿童亲身接触这些植物的栽种、培育、采摘过程，则会产生更深远的教育意义。

对于正在学习绘画的儿童来说，住区植物也是他们练习静物写生的良好素材。如果条件许可，也可开辟出园地供儿童自己种养植物。

2.4.1.2　住区植物与老人

与住区内其他人群相比，老年人有更多的时间、耐心和兴趣，老年人对四季的变迁和植物的变化最为敏感，他们与植物之间更容易建立起密切关系。另外，退休赋闲的老人很容易产生个人重要性丧失的失落感受，而参加住区园艺活动则有助于老人们在养花植草的过程中重新获得自立和成就感。在住区中，老年人是家庭养花及园艺活动的主要参与者；在提倡居民共建绿色家园的住区中，老年人是最容易加入植物绿化志愿者的人群，他们关心花木的生长，也从栽培植物的过程中获得无穷乐趣。

2.4.1.3　住区植物与普通居民

对于住区内多数居民而言，他们对住区内的植物生长情况是比较疏忽的，这种疏忽不仅表现在对住区的一草一木上，也反映在对住区其他事物的漠视。提倡居民参与住区植物保育工作，鼓励居民认养植物，或号召居民集体参加住区的植树绿化日活动，促使居民在日常生活中主动地或被动地关注住区内的花草树木，并与这些自己接触频繁的植物建立感情（见图 2-64）。一旦人们发现身边的邻居在关心住区植物的生长，他们自己也会对这些植物产生兴趣，并习惯于在生活中去观察、欣赏和爱护植物，由此带动越来越多的居民加入与植物互动的行列。事实上，居民之间也可能经共同的园艺活动而相互交流。

图2-64　上海香梅花园：盛开的花朵是吸引居民逗留住区外部空间的重要原因

## 2.4.2 通过景观设计促进人与植物交往

### 2.4.2.1 增加居民与植物接触的机会

1. 接触界面

增加人与植物的接触界面，实际上也是提高居住空间的“绿视率”。“绿视率”是用以评价空间的绿化数量及其带给观看者舒适感的指标，可在测试点用焦距 40mm 的照相机拍摄照片再分析其绿化面积比例而得。据调查，绿视率超过 25% 时人们开始感到绿化较多，当绿视率超过 50% 时，人们会感觉绿化很多（见图 2-65）。在居住区内，通过立体绿化、起坡设计等多层次的植物配置，不仅可拟造山谷、丛林、草场等自然环境，产生丰富的视景效果，也能为居民在有限的空间里尽可能多地接触植物创造机会。

| 好 ← | | | | 坏 |
|---|---|---|---|---|
| ≥30% | 29%~20% | 19%~10% | 9%~1% | ≈0 |

图2-65 绿视率评价尺度[①]

珍视住区宝贵的土地资源，利用住区外部空间的自身特征，同时考虑居民对不同小空间植物构成的心理需求，可以使植物景观更加具有吸引力。事实上，从居民进入住区所经历的每一空间，都可能成为展现特色植物景观的有效场所（见图 2-66）。从平面绿化、垂直绿化到架空平台、屋顶花园等，都可以为居民争取更多的植物景观。

图2-66 日本大阪市北大阪公园广场住区：从入口大厅到连廊空间，居民频繁使用的室内到半室内空间都可以成为展示植物景观的场地

① 浅见泰司.《居住环境评价方法与理论》，P356。

（1）草坪与平面绿化空间

对于草坪在住区的应用，大体可分为装饰型草坪、游览型草坪和接触型草坪，也说明人们对草坪应用的认识发展过程。

在 20 世纪 90 年代后期房产热时期，很多住区在其公共绿地内铺设了大面积的装饰型草坪，这类草坪是为了配合当时住区景观设计的欧美风潮，草坪上往往配置了的组合图案的“绣边花坛”，以显示出欧洲宫廷园林般的气派恢弘。然而，这种只重视视觉效果的草坪是无法容纳居民进入活动的，有些住区的草坪边缘甚至竖立了“禁止入内”的标牌（见图 2-67），俨然一副“可远观而不可亵玩焉”的态势。既然居民不能进入，这种装饰性草坪自然无法促进居民交往，宝贵的公共绿地只是闲置在外部空间充当门面。

既然住区的装饰性草坪不能满足居民的活动要求，人们又开始关注起可以步入的游览型草坪。因设置了步行路径、休息座椅、植物小品等，这类草坪能迎纳居民在指定的场所活动（见图 2-68）。不过，考虑到草坪的养护问题，这类草坪一般是不欢迎践踏的，居民的足部所及仍是草坪中的硬质铺装材料。

在接触型草坪上，人们可以直接用双脚踩踏草坪，甚至以坐、卧等方式更大面积地接触草坪。如果草坪的位置和朝向适宜，可塑造成缓坡形式，使倚靠在草地上的居民感觉更舒适，也乐意更长时间地在户外停留，无形之中又增加了居民交往的可能。不过，要保持这类草坪长期的景观效果，草坪的养护工作更加重要。在草坪设计时应考虑到其禁止使用时间段及替代场地的设定，除了前期选择适当的草种和后期专业人员的悉心管理外，还必须提高居民的植物保护意识——只有当人们懂得珍视植物，植物才能还付居民以更多美的感受。

图2-67　上海新梅花园：住区中心大面积装饰性草坪既缺少实用性，生态效用也不佳

图2-68　步入式草坪更能体现植物与居民亲近的一面

由于草坪的养护费用较高，而净化空气、除尘、降温、减噪等生态效用不如乔灌木，除非是球场等特殊的场地要求，在住区营建整片草坪的面积不宜太大。否则，就需要在草坪上配置一些树木，既不妨碍居民在草坪上通行、活动，又能

增强住区植物景观的美化和生态效用。

（2）垂直绿化

垂直绿化一般用于围墙、建筑外立面、山石表面、凉亭棚架等处，它对于提高居民与绿色植物的接触面，或者说提高绿视率方面有相当大的作用。藤本植物是最常见的垂直绿化植物，住区内可充分利用藤本植物的叶色及花色特征美化或掩饰垂直面，吸引居民的视线。例如，中华长春藤的叶色可常年保持绿意，爬山虎的叶色随季节会发生“黄”、“绿”变化，蔷薇、凌霄、木香等植物在花期会绽放绚丽的花朵。

在有地形变化的场地，将植物沿垂直面或斜面种植，能增加居民的视线与植物的接触面，比平面的植物组合更易观赏，如图 2-69 所示。

（3）屋顶花园

城市住区的建筑密度一般在 20%~30%。由于多数建筑顶面均为硬质铺面，使住区居民丧失了在这 20%~30% 的住区用地上与植物亲近和互动的机会。特别是作为公用部位的建筑屋顶，可充分利用为屋顶花园，既发挥其生态效用，又为居民提供了一个可与植物互动的公共活动空间（见图 2-70）。根据对位于日本东京荒川区都市中心的野村公寓的

图2-69　上海绿城：利用坡地组建立体化植物景观

图2-70　新加坡Marine Crescent Gardens：利用公共建筑及停车库顶部的开敞空间设置平台花园

调查，发现在对其屋顶花园生态绿化处理后，还增加了 12 种蝶、蜂、蜻蜓等昆虫。

尽管屋顶花园内植物的生长条件不好，在国内外已开展了大量的研究和实践工作，发现或培养出越来越多适于屋顶生长的植物。对于建筑荷载小的不上人屋顶，以草坪、地被、攀缘植物及低矮灌木等作为主要的花园植物，如在国内住区的屋顶花园中，逐渐开始用耐干旱、低养护的景天科植物（如佛甲草），替代先前的禾本科草种，使居民从高处观看屋顶时可接触到良好的植物景观。

如果屋顶结构的承载能力大，可选用更为丰富的植物素材，配合景观小品、山石水景、休憩场地等的设置，使屋顶花园确实能吸引居民较长时间驻留。特别是夏季炎热地区，需要在建筑的墙、梁、柱等位置布置较大型的乔木、棚架等，以提高屋顶花园的利用率。

由于屋顶荷载有限，可以多选用造型简洁的植物组景来增添花园的生机和艺术性。此外，开花繁茂、色彩多样的草本花卉或低矮的花灌木，亦比较适合用在屋顶花园，它们与景观小品、铺地材料、山石水景等配合，可以极大地丰富屋顶花园的四季景观，增加花园对居民的吸引力（见图 2-71 和图 2-72）。

图2-71　杭州金都景苑屋顶绿化及太阳能装置
（图片摘自《百年建筑》（2005.10）P39）

图2-72　北京锋尚屋顶绿化
（图片摘自《百年建筑》（2005.10）P43）

（4）空中花园及绿廊

对于居住于高层或中高层住区中上部的居民，他们与住区底层花园有较远距离，也不便于享用屋顶花园的绿色空间。如果在住宅建筑的中部留出适当空间，形成空中花园，就为身居高楼的人们提供了近距离欣赏和感受绿色景观的场所，同时起到弱化高层建筑庞大体量感的作用（见图 2-73 和图 2-74）。空中花园选种植物的要求与屋顶花园相仿，但因其日照条件逊于屋顶花园，所以需考虑部分使用耐阴植物。

图2-73 深圳彩世界的空中回廊式花园

图2-74 重庆住区：利用山地地形和不同高度的住宅建筑设空中连廊和绿色花园

对于多层或中高层住宅建筑，也可借用通廊栽种植物，使连廊不仅成为人们交通空间，也成为人们休闲和社交空间的一部分。住宅连廊上能种植的植物相当有限，但可以结合间设的放大平台组织植物景观，使绿景尽可能地与居民行走路径相随（见图 2-75 和图 2-76）。

图2-75 香港愉景湾：虽然已处于葱郁的山体之中，仍不忘在回廊顶部增设绿化

图2-76 深圳百仕达花园二期：利用架空连廊增加居民与植物接触的机会

（5）架空层及地下公共空间绿化

在城市高层住区中，由于住宅底层空间的销售形势并不佳，许多开发商索性将这部

分空间利用为公共活动场所，并因此使得住区外部景观空间相与流通，增加住区景观的通透性和舒适度。有些住区甚至将这一做法延续到住宅建筑的半地下层或地下层，变阴暗、闭塞的消极空间为光影婆娑、亲切宜人的积极空间（见图 2-77~ 图 2-82）。

图2-77　深圳中旅国际公寓架空层

图2-78　深圳中旅国际公寓架空层

图2-79　深圳熙园地下空间绿化

图2-80　深圳万科金色家园架空层

图2-81　深圳熙园地下空间绿化

图2-82　香港海逸豪园地下空间绿化

虽然架空层和地下公共空间的引入为居民接近住区植物提供了更多机会，但适合于架空层和地下空间生长的植物是比较有限的。特别是在冬季阴冷的北方地区，植物的生长存活更为不易。所以，架空层及地下空间的植物选择应尽可能采用生长粗放的耐阴性植物，使居民能随时随地感受到住区植物的身影。

（6）车行道和停车场绿化

为增加居民与植物的接触，也可利用车行道、室外停车场及多层停车场库等处实施绿化（见图 2-83）。人们比较熟悉的做法是道路两侧的行道树绿化和停车场的植草砖绿化。事实上，经过这样的绿化方式后，车行道和停车场仍表现为大面积的硬质场地，也即是，这些绿化方法尚未充分发挥这些场地的绿化潜能。

图2-83　新加坡Marine Crescent Gardens住区：多层停车场库的绿化可弱化建筑的巨大体量和提高绿视率

在我们观察车辆在道路上的形式规律后不难发现，车辆接触地面的部分主要是由车轮构成的两条带形空间，车轮中间至少 1m 宽的带形空间很少有车轮接触，这 1m 左右的硬质场地完全有可能被设计为软质的植物绿化带。虽然这种带形空间只能适宜矮生植物或草皮生长，但如果将沿车行道的长条空间利用起来，将大大提高场地的绿视率（见图 2-84）。

图2-84　仅留出车道线的结构草坪，尽可能争取提高道路用地的绿视率

根据我国的建筑设计防火规范（特别是《高层民用建筑设计防火规范》），需要在建筑周围布置消防车道。然而，对于多数住区而言，消防车道的使用率都非常低。多数住区都选择将消防车道与住区的机动车道合并使用，但对于那些有意实现人车分流的住区而言，大面积硬质表面的消防车道却使得营建完整公共绿地的美好愿望陷入尴尬境地。针对这一情况，有些住区已采用了将消防车道隐蔽处理的方法，在预留的消防车道上配置草皮或地被植物。当居民观看这一区域时，接触到的并非生硬的车道，而是大面积的公共绿地连成一片，植物成为调节居民整体景观感受的重要元素，如图 2–85 所示。

同样，室外的停车空间也未被人们充分利用。虽然有植草砖，但砖里的草却往往生长乏力，一眼望去，停车场仍是一片荒芜景象。在停车场中，可以利用两辆车两侧之间、或首尾之间的分隔带种植一些分枝较高的乔木或绿篱，虽然可能损失小部分停车空间，但能很好改善停车场地的景观效果，使车主出入车辆的同时也能感受到住区的绿色景观，而高大的树木也能为车辆提供防止烈日直射的树荫，如图 2–86 所示。

2. 可接近性

当居民视线与植物接触的机会增加后，更多人愿意进一步了解或近距离欣赏植物，为避免产生对植物的“可望而不可及”的心理反应，需要考虑为居民提供适宜的“近”赏植物的空间和设施。将有特色的植株靠近宅旁绿地、活动广场及使用频率高的人行道两侧种植，并在这些场所附近留设休憩设施，有助于增加居民接触植物的可能性。

住区活动空间及游步道设计时应考虑居民尽可能地接触各种植物。结合地形塑造，形成谷底堑道、架空平台、山石天桥等场景，使居民可以从多角度、近距离地欣赏到树木的底部根系、中部茎干、上部叶片等；结合水景设计，用不同形式的小桥、汀步、平台、驳岸等联系居民与水生植物，如图 2–87 所示。

住区内的活动场地设计可与植物材料相结合，增加居民与植物近距离接触的机会。如用修剪后的低矮树篱或灌木丛铺设小型的植物迷宫，用藤蔓植物搭建的休息凉亭，在不同季节用时令花卉（如菊花、茶花等）编造的特色场景，用树根或植物枝干等设计的景观小品设施等，都有助于居民直接参与到植物组景之中。

在不影响建筑物安全、不干扰居民日常生活和通风采光条件和避免地下管线受腐蚀、

图2-85　隐形消防车道（上图）和隐形消防车回车场（下图）为居民争取更多与绿色植物接触的机会

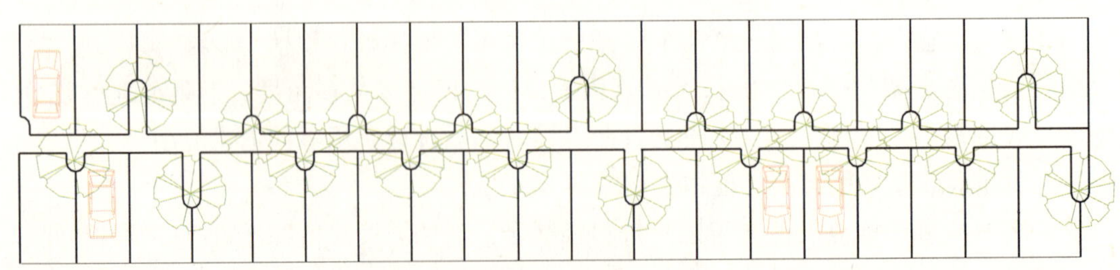

图2-86　北京朗琴园停车场设计：尽可能多地利用植物绿化场地。每隔8个停车位设一条1m宽绿带，每隔2个停车位设一个1m×1.5m树池，两侧绿带交错布置。

图2-87　深圳滨河小区：架空平台方便居民近距离观赏乔木绿叶和花朵

沉陷、振动及重压的前提下，将适宜的乔木树种靠近住宅种植，可方便居民在室内或阳台上观赏植物景观。一般而言，居住于一、二、三层住宅内的住户比较容易欣赏到灌木或小乔木的枝、叶、花、果、及整体形态；四、五、六层住宅内的居民比较容易观看到大乔木的风貌；而七层以上住宅内的居民只能向下俯瞰植物，很难享受到在家中与植物亲近的乐趣。可见，从居民与植物接触的可能性来看，小高层或高层建筑拉远了居民与植物的距离，并不利于人与植物的互动交往；对于多层住宅区，在大量栽种树木的同时，于适当位置间植一些高树，有助于居民提前数年、甚至提前数十年感受绿色入帘的快乐。

3. 对原生植物的爱护

由于住区的原生植物多为成熟茂盛、生长良好的树种，所以能在居民入住之初即留下深刻的视觉印象。有些原生植物可能在土地上已生长多年，并随同土地演化。它们适应当地的自然条件，与土地上的其他生物及微生物之间形成繁复的生物链，具有珍贵的生态研究价值，是住区土地上最早的居住生物群体。

令人欣喜的是，已有越来越多的开发商、设计者和居民意识到基地上的原生植物对于住区环境的重要性（见图 2-88）。尽可能多地保留基址上原有的健康植物，不仅可以加快住区外部植物景观成型，减少移栽树木的成本和风险性，还有助于培养居民对场地的感情。如果基址上的树木树龄很长，说明它已

图2-88　日本东鸠团地住区：除保留原生2棵山毛榉大树之外，再移植了同种大树，突出住区代表性植物地位

经适应了当地水土，在许多年长居民的眼中，这样的树木是有“灵性”的，因此，他们也愿意在这样的树木周围活动，同时也会关注这种原生树木的生长状况。

为了保证原生树木的健康成长，需要在建设之前对树木的生长位置和土壤条件等编号、绘图、备案，建筑工程结束后，坚持观察其生长情况并定时记录在案。当居民入住后，可将记录公开化，发动居民共同关心树木的生长。

被誉为房地产行业领跑者的“万科集团”，在保护基地上原生植物和自然生态方面，同样具有领先意识。1998 年，在开发沈阳万科紫金苑时，因施工人员砍伐了基址上 10 棵 30 年树龄的原生大树，万科的董事长王石严厉批评了其负责人，“那些原生树木是无法替代的资源，无论你怎样做景观也做不出那种效果”[①]。之后，万科在保护原生树木方面的工作更为细致，在开发天津万科水晶城时，他们特意用了两个多月时间勘测调查原地块上的树木，并建立植物档案。将原有树木进行景观分类、现场标记和坐标测量，统计和登记有景观利用价值的植物。当居民新入住时，很快能与这些原生大树建立起深厚感情，并喜好在斑驳的树荫下及葱茏的树木周围活动，如图 2-89 所示。

图2-89　天津万科水晶城：悉心保留原天津玻璃厂区留下的树木，营建宜人的林下休息区

### 2.4.2.2　有吸引力的植物配置

1. 单株植物的选择

为突出单株植物的个体美，应选用季相特征明显、姿态优美、观赏性强的植物。另外，将植物置于视觉轴线尽端、或用框景、点景等手法，也能有意识地将视线引导和聚焦于欲强调的单株植物，如图 2-90 所示。

图2-90　上海同润加州：将孤植灌木作为多户住宅的内庭院主景

冠大荫浓的大乔木是备受居民青睐的住区植物，它不仅能提供夏日阴凉，塑造舒适的微气候环境，而且能形成自然、有亲和力和庇护感的亚空间。不仅居民喜爱在大树下停留，小鸟和昆虫也常将其作为首选的栖息场所。在冬季寒冷地区宜选用树干粗大、枝形优美的落叶树，透过树木枝干倾泻下来的阳光、投射在地面的光影以及在

① 万科的主张，P133。

树下晒太阳的闲散居民，会使这一亚空间洋溢温暖、和煦的氛围，如图 2-91 所示。

2. 植物群植

如果住区规模较大，可对选种植物适当分区。配合居住组团或居住院落选择主题树种，如蔷薇园、竹园、菊园、海棠园等，以增强住区内部分区的可识别性；也可结合植物观赏特征分区，既能突出住区植物景观特色和趣味性，又具有一定的教育意义。如芳香植物区、水生植物区、湿地植物园、针叶植物区、植物迷宫等。

图2-91 新加坡Marine Crescent Gardens：利用树荫下的空间设置集体烧烤活动场地

身居钢筋水泥丛林中的城市居民大都喜爱那些令人赏心悦目的植物，有许多住区即将植物作为重要景观主题，甚至直接以植物名称来命名住区，如香樟花园、银杏家园、枫林苑等，使居民从进入住区大门伊始，即能感受到主题植物赋予住区的强烈场所特征，如图 2-92 所示。

图2-92 上海香樟花园：入口处即可观赏枝繁叶茂的大香樟树

香梅花园以美籍华人陈香梅之名命名，并选择中国国花——“梅花”作为住区的景观主题，将“梅花”元素融入住区外部空间的营造，以树阵、花塘、小径等多种形式表达其特定寓意的主题，如图 2-93 所示。

图2-93　上海香梅花园：以梅花作为景观主题分区

位于杭州的江南水乡住区，即以我国传统园林植物——松、竹、梅、兰、荷、菊作为其景观主题，在住区的各组团栽培特定的主题植物，形成典雅而多样的植物视景效果，如图 2-94 所示。

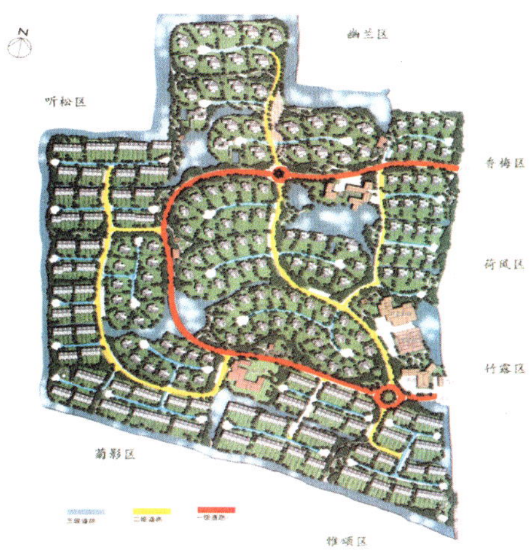


图2-94　杭州江南水乡规划图：以松、竹、梅、兰、荷、菊为景观主题分区

3. 植物配置

在很多城市住区中，缺乏对生物多样性环境的考虑，表现在植物配置方面的盲目跟风、植物种类单调、乔木数量稀少、大草坪大花坛盛行等，由于植物是住区生态金字塔中的生产者，也是上层消费者的食物基础，其类型和数量的减少势必影响高层消费者的多样性生长。

针对这些扼杀住区生物多样性发展的状况，住房和城乡建设部科技发展促进中心主持编写的《中国生态住宅技术评估手册》中，对居住小区的树种搭配问题列出了具体标准，如“乔木量≥ 3 株 /100m$^2$，立体或复层种植群落占绿地面积≥ 20%。三北地区木本植物种类≥ 40 种；华中、华东地区木本植物种类≥ 50 种；华南、西南地区木本植物种类≥ 60 种”，以及“提倡垂直绿化，垂直绿化面积达到绿化总面积的 20%”①等。

在 2001 年 8 月颁布的《上海市新建住宅环境绿化建设导则》中，对于住区植物的种类及数量也有以下要求：

（1）落叶乔木与常绿乔木的比例为 1:（1~2）；乔木与灌木的比例为 1：3~6；草皮面积（乔灌木投影范围除外）不高于绿地总面积的 30%。

（2）植物种类丰富多样：

1）绿地面积 <3000 m$^2$，不低于 40 种；

2）绿地面积在 3000~10000 m$^2$，不低于 60 种；

3）绿地面积在 10000~20000 m$^2$，不低于 80 种；

4）绿地面积在 >20000 m$^2$，不低于 100 种。

（3）多布置色叶植物、花灌木、香源植物以及多年生花卉。

（4）多布置有益身体健康的保健植物。

（5）适当配置鸟嗜植物和蜜源植物，吸引动物和生物，创造人与自然和谐共存的居住环境。

（6）采用生物固氮的方式逐步取代直至取消化肥栽培的方式，即选择栽种能与自然界固氮微生物共生形成根瘤的植物，减少或消除对土地的污染。

（7）根据植物特性和观赏作用合理配植植物群落，提高一次存活率，美化居住环境②。

① 中国生态住宅技术评估手册，P5。

② 上海市新建住宅环境绿化建设导则，正文。

针对具体植物进行配置时，需考虑单株植物或组群植物与整体的关系，即如何产生比较强烈的视觉影响力，例如：

（1）植物配置时，注意四时有景；

（2）注意保证植物配置的多样性和层次感，利用植物配置形成疏密有致、视景丰富的居住空间，而非贫乏、无趣的单调绿化；

（3）突出主导树种，将主导树种成片、成行种植，以突出景观效果和诱发居民对该物种的兴趣。

## 2.4.3 易于引发“人—植物”互动的住区植物特征

### 2.4.3.1 视线易达、触手可及的植物

吸引居民的注意力是产生“人—植物”互动的首要因素。由于人在行走时需要辨别脚下的路径，其视线经常停留在路缘植物上。所以，路边的花境或开花植物比较容易引起普通居民及孩子们的关注；对于那些习惯于昂首走路、只用眼角余光注视道路的居民而言，视平线高度的植物更容易映入他们的眼帘；而如果是目不斜视的居民，道路端头或转角处的植物则是他们不容错过的“对景”。

能够引发居民亲近的植物应尽量靠近行人，如果植株能予人伸手可及的感受，即使未动手触及枝叶，也会给人心理上的亲和印象。这也说明了人们为何喜爱在临近水岸平台和水上栈道的芦苇、香蒲丛边停留，挺水植物的高度满足了人们舒适地近距离观赏植株，又不妨碍人的视线越过叶丛观赏水景。同样，当居民在架空层上行走时，原本需要仰视的树木枝叶尽在眼前，在底层空间只能观其主干的树木，在架空平台上却发现是花团锦簇，这样的情形，不由得人们对这些植物萌生兴趣。

### 2.4.3.2 形、色突出于背景环境的植物

1. 外形特征

对于那些距离行走中的居民较远的植物，则需要有独特的、突显于身处环境的外形、色彩或质感，同时有便捷的路径引导，才足以吸引人们设法靠近其旁，同时也靠近其所在的场地。例如，空旷草坪中高大浓密的香樟树、大型山石岩壁上红艳优雅的槭树、溪流水池中的随波轻摇的莲花、浓密昏暗树荫下的色泽鲜艳的观花观叶植物、点缀在绿草地中的亮丽草花等，都可能成为引导居民步入草坪、攀登山石、踏上汀步的诱因，如图2–95~ 图 2–102 所示。所以，因势利导地设置通向这些植物的路径，并在沿途组织景观，可以使居民感受和接近更多的植物及景点。

住区内常见的株形健壮古朴的植株有常绿的罗汉松、马尾松、桧柏、云杉、白皮松等，这类植物适于冬季少景的北方住区；株形饱满、枝干优美的植株有桂花、山毛榉等；株形轻盈典雅的植株有合欢、枫香、竹、南天竹等；株形奇特的植株如龙爪槐、龙爪柳等。其中，枝干舒展、体量巨大的孤植树下是居民乐意逗留的空间。与花草灌木所构成的植物景观不同，高大的树木可以形成舒适宜人的荫庇空间。自古以来，这种自然天成的半围合空间就是居民所钟爱的休憩场所，也是地方居民印象中最深刻的景观元素之一，如图 2–103 所示。

图2-95　上海中凯城市之光：刚硬嶙峋的岩石突出石上鸡爪槭的优雅柔美

图2-96　上海秋月枫舍：用空灵浩淼的水体突出岛上的植物元素及其倒影

图2-97 德国波恩Hernrich-von-Stephan-StrBe：用色泽与周边建筑近似的砂石突出植物元素，赋予植物如同雕塑盘的艺术欣赏价值

图2-98 美国华盛顿特区某住宅花园：冒出于石板路间的小草小花生机盎然，很吸引居民的眼球

图2-99 深圳蔚蓝海岸三期蓝钻南区：用潋滟的流水突出水中植物的感染力

图2-100　上海名都新城：用大面积的碧水衬托出水芙蓉的俊雅脱俗

图2-101　上海愉景华庭：用大面积绿草坪突出孤植庭荫树

图2-102　上海同润加州：单色调、直线条的建筑突显花坛植物的生动、多彩

图2-103　新加坡某住区内形态优美的孤植树

2. 色彩特征

住区内常见的叶色独特的大乔木有银杏、乌桕、枫香、金钱松、栾树、白桦、水杉等，小乔木有鸡爪槭、红叶李、黄栌等，灌木及绿篱植物有金叶女贞、紫叶小檗、金叶黄杨、红叶石楠、桃叶珊瑚、珊瑚树、金叶山梅花、花叶红瑞木、金叶侧柏、山麻杆等，藤本植物如地锦、蛇葡萄、花叶常春藤等。

花色醒目的植株相当多，乔木如碧桃、海棠、樱花、紫荆、七叶树、紫玉兰、含笑、紫薇等，灌木如杜鹃、迎春、山茶、扶桑、牡丹、木槿、榆叶梅等，藤本植物如蔷薇、紫薇、凌霄等，草本花卉如矮牵牛、太阳花等，地被植物如紫酢浆草，滨水植株如菖蒲、鸢尾、水仙等，水生植株如睡莲、荷花等。种植观花植物时应考虑其在住区整体环境中的观赏效果，可利用花卉植物组成悦目的花坛（见图 2–104）。然而，有些散形的开花灌木（如月季、山茶等），在开花时比较美观，但在多数时候却枝叶稀疏，也难以覆盖表土。所以，从长时间考虑，成片种植的这类形态疏散的花灌木，其视觉效果并不如枝叶繁茂、生长旺盛的观叶植物，如图 2–105 所示。

在开花植物内，还有因果实色泽而引人注目的植株，如构骨、火棘、石榴、柿树、枣树、红果仔等。事实上，由于果树很容易染上病虫害，除非有专业人员细心管理，多数住区

图2-104　上海鼎邦丽池：用色彩鲜明的成片花卉组成绚丽的花坛图案

图2-105　黄山屯溪世纪花园：利用住宅山墙间距营建四季常绿的竹林

仅仅将果树作为点缀，并不会大量成片种植。有些观果植物在结果期还会招引一些不受欢迎的昆虫，例如海桐所结果实糖分很高，成熟后会开裂而露出红色种子，非常招惹苍蝇，所以，在使用这类植物时应特别谨慎。

除了常见的以叶、花、果的色彩增强住区外部景观的吸引力之外（见表 2-3 和表 2-4），有不少植物还具有色泽独特的枝干，如树皮呈灰绿或白色的白皮松、枝干红色的红瑞木等。对于冬季植物景观相对单调沉闷的北方地区，这类树木可通过丰富居住环境的色调而提升外部空间的活力。

在配置住区植物时，宜结合植物季相特征在不同组景区域成片或成丛栽种特定色相的植物类型。由于较大面积的用色组合具有突出的环境感染力，也更能激发居民对住区植物的兴趣。如果住区的建筑色彩鲜明，也能反衬出绿色植物的身影，如图 2–106~图 2–110 所示。

图2–106　西班牙Marbella：植物颜色与泳池色彩相互映衬

图2–107　西班牙Marbella：乡土植物以白色建筑为背景

图2-108a　夏威夷Oahu Island：自然山石映衬出富有雕塑感的植物形体

图2-108b　美国费城Society Hill：植物与建筑色彩互为映衬

图2-109a　西班牙Marbella：植物颜色与建筑立面相为映衬

图2-109b　美国芝加哥Oak Park：砖红色的建筑很能反衬出植物的浓浓绿意

图2-110a　上海鼎邦丽池：色彩明丽的花卉植物突显于白色墙面

图2-110b　西班牙Marbella：白色建筑为背景的花丛

住区常见观花植物及其花色特性　　表 2-3

| 植物分类 | 植物名称 | 花期 | 花色 | 植物名称 | 花期 | 花色 |
|---|---|---|---|---|---|---|
| 乔木 | 广玉兰 | 6月 | 白 | 合欢 | 6、7月 | 红 |
| | 白玉兰 | 3、4月 | 白 | 刺桐 | 6月 | 红 |
| | 刺槐 | 5月 | 白、红 | 木棉 | 3月 | 红 |
| | 梨 | 3、4月 | 白 | 七叶树 | 5月 | 白、红 |
| | 栾树 | 5~8月 | 黄 | 梓树 / 黄金树 | 5月 | 白，有紫斑 |
| | 含笑 | 5~7月 | 黄 | | | |
| 灌木 | 月季 | 5~11月 | 多色 | 云南黄馨 | 4月 | 黄 |
| | 山茶 | 2~4月 | 红、粉红、白 | 腊梅 | 1、2月 | 黄 |
| | 杜鹃 | 4~6月 | 红、白，多色 | 棣棠 | 4月 | 黄 |
| | 牡丹 | 4月 | 红、黄、白，多色 | 云实 | 4、5月 | 黄 |
| | 梅花 | 2、3月 | 红、粉红、白、绿 | 金丝桃 | 6月 | 黄 |
| | 桃花 | 3、4月 | 红、粉红、白、洒金 | 结香 | 3月 | 黄 |
| | 贴梗海棠 | 3、4月 | 红、粉红 | 金钟花 | 3、4月 | 黄 |
| | 玫瑰 | 5月 | 红 | 迎春 | 2、3月 | 黄 |
| | 绣线菊 | 4、5月 | 红 | 探春 | 1、2月 | 黄 |
| | 龙船花 | 4~12月 | 红 | | | |
| | 扶桑 | 5~11月 | 红、粉红、黄、白 | 桂花 | 8、9月 | 黄 |
| | 芍药 | 4、5月 | 红、白 | 锦鸡儿 | 4月 | 黄橙 |
| | 石榴 | 5~7月 | 红、白、洒金 | 金雀花 | 3~5月 | 黄 |
| | 锦带花 | 5月 | 红、粉红、白 | 醉鱼草 | 7、8月 | 紫 |
| | 西府海棠 | 4月 | 粉红、红 | 丁香花 | 3、4月 | 紫、白 |
| | 垂丝海棠 | 4月 | 粉红 | 紫荆 | 3、4月 | 紫、白 |
| | 樱花 | 4月 | 粉红、红 | 紫薇 | 6~9月 | 紫、粉红、白 |
| | 郁李 | 3、4月 | 粉红 | 胡枝子 | 7、8月 | 紫、红 |
| | 木芙蓉 | 9,10月 | 粉红、白 | 木槿 | 8~10月 | 紫红、白 |
| | 红叶李 | 4月 | 粉红、白 | 八仙花 | 6月 | 紫红、蓝、白 |
| | 溲疏 | 5月 | 白、粉红 | 狗牙花 | 6月 | 白 |
| | 山梅花 | 4、5月 | 白 | 石楠 | 4、5月 | 白 |
| | 六月雪 | 6月 | 白 | 麻叶绣球 | 4、5月 | 白 |

续表

| 植物分类 | 植物名称 | 花期 | 花色 | 植物名称 | 花期 | 花色 |
|---|---|---|---|---|---|---|
| 草本花卉 | 飞燕草 | 5、6 月 | 玫红、粉红、白 | 虞美人 | 5、6 月 | 红（白边）、白（红边） |
| | 紫茉莉 | 8~10 月 | 红、黄、紫、白 | 锦葵 | 5、6 月 | 淡紫红（带条纹） |
| | 半支莲 | 6~8 月 | 红、黄、紫、白 | 石竹 | 4、5 月 | 红、粉红、白 |
| | 福禄考 | 5、6 月 | 红、黄、紫、白 | 紫罗兰 | 4、5 月 | 红紫、白、淡红 |
| | 金鱼草 | 5、6 月 | 红、黄、紫、白 | 花菱草 | 5、6 月 | 黄 |
| | 麦杆菊 | 8~10 月 | 红、黄、紫、白 | 万寿菊 | 6~10 月 | 黄 |
| | 花毛茛 | 4、5 月 | 红、黄、紫、白 | 萱草 | 6、7 月 | 黄 |
| | 鸡冠花 | 8~10 月 | 红、黄 | 梳黄菊 | 3~5 月 | 黄 |
| | 酢浆草 | 6 月 | 红、黄 | 虾衣花 | 常年 | 黄 |
| | 蜀葵 | 6 月 | 红、黄、白 | 洋水仙 | 3、4 月 | 黄、白 |
| | 雏菊 | 3~6 月 | 红、黄、白 | 三色堇 | 3~5 月 | 黄、紫、白 |
| | 葱兰 | 8~11 月 | 红、白 | 鸢尾 | 5 月 | 黄、蓝、紫、白 |
| | 千日红 | 8~10 月 | 红、紫 | 金盏菊 | 3~6 月 | 橙黄 |
| | 凤仙花 | 6~8 月 | 红、紫 | 薄荷 | 8~11 月 | 青紫、淡红、白 |
| | 长春花 | 8~10 月 | 红、紫 | 百日草 | 7~10 月 | 紫红、淡紫、红、黄、白 |
| | 一串红 | 7~10 月 | 红、紫、白 | 玉簪 | 6、7 月 | 紫、白 |
| | 矮牵牛 | 4~10 月 | 红、紫、白 | 诸葛菜 / 二月兰 | 3~5 月 | 紫、蓝 |
| | 风铃草 | 5、6 月 | 红、紫、白 | 翠菊 | 7~10 月 | 紫 |
| | 矢车菊 | 4、5 月 | 红、紫、白 | 麦冬 | 8、9 月 | 淡紫、白 |
| | 牵牛 | 6~10 月 | 红、蓝、紫、白 | 含羞草 | 7~10 月 | 淡红 |
| | 美女樱 | 4~10 月 | 红、蓝、紫、白 | 波斯菊 | 6 月 | 淡红、紫红、白 |
| | 大丽花 | 9、10 月 | 多色 | 石蒜 | 9、10 月 | 红 |
| | 郁金香 | 3、4 月 | 多色 | 美人蕉 | 6~10 月 | 红 |
| | 文殊兰 | 6、7 月 | 白 | 荷包牡丹 | 5、6 月 | 红 |
| | 晚香玉 | 7、8 月 | 白 | | | |
| 藤本植物 | 爬藤月季 | 5、6 月 | 红、粉红、黄、白 | 紫藤 | 3、4 月 | 紫、白 |
| | 使君子 | 5~9 月 | 红 | 络石 | 5、6 月 | 白 |
| | 木香 | 5 月 | 黄、白 | 凌霄 | 6~8 月 | 红、橙 |
| | 金银花 | 4~6 月 | 白、黄 | | | |
| 水生植物 | 荷花 | 6、7 月 | 粉红、红、白 | 睡莲 | 6~9 月 | 红、黄、白 |
| | 凤眼莲 | 6~9 月 | 蓝、紫 | | | |

住区常见观叶植物及其叶色特性 表 2-4

| 植物分类 | 植物名称 | 叶色 | 时间 | 植物名称 | 叶色 | 时间 |
|---|---|---|---|---|---|---|
| 乔木 | 柳杉 | 棕 | 入冬 | 银杏 | 黄 | 秋季 |
| | 落羽杉 | 棕 | 秋季 | 鹅掌柴 | 黄 | 秋季 |
| | 水杉 | 棕褐 | 秋季 | 悬铃木 | 黄 | 秋季 |
| | 榉 | 棕（略红） | 秋季 | 池杉 | 黄、橙黄 | 秋季 |
| | 枫香 | 红黄 | 秋季 | 黄檀 | 黄 | 秋季 |
| | 乌桕 | 红黄 | 秋季 | 无患子 | 黄 | 秋季 |
| | 三角枫 | 红黄 | 秋季 | 白蜡 | 黄 | 秋季 |
| | 柿树 | 红黄 | 秋季 | 金钱松 | 金黄 | 秋季 |
| | 塔枫 | 红、暗红 | 常年 | 紫树 | 金黄、橘红、紫红 | 秋季 |
| | 红叶李 | 红、暗红 | 常年 | | | |
| | 青枫 | 红 | 春季、秋季 | | | |
| | 红枫 | 红、暗红 | 常年 | | | |
| 灌木 | 翠柏 | 翠蓝 | 常年 | 南天竹 | 红 | 强光 |
| | 蓝冰柏 | 霜蓝 | 常年 | 山麻杆 | 红 | 新叶 |
| | 水果蓝 | 蓝灰 | 常年 | 盐肤木 | 红 | 秋季 |
| | 黄杨 | 棕 | 冬季，有时 | 红叶石楠 | 红 | 春季、秋季 |
| | 花叶假连翘 | 叶缘黄白条纹 | 常年 | | | |
| 草本花卉 | 羽衣甘蓝 | 黄、蓝、紫 | 11~次年3月 | 彩叶草 | 多色 | 常年 |
| | 紫鸭趾草 | 紫 | 常年 | 金叶过路黄 | 春至秋金黄、冬季红褐 | 常年 |
| 藤本植物 | 花叶长春藤 | 淡绿、暗绿、奶白 | 常年 | 地锦 | 红 | 秋季 |

在儿童游戏区，可选择一些形体、枝叶或花果独特的趣味性植物，以激发儿童的好奇心，促使他们进一步观察和了解身边的植物。同时，由于儿童很有可能去品尝或摘玩植物叶片或枝条，所以，儿童活动区附近必须避免种植带有毒性的植物，如瑞香、冬青、月桂、马樱丹、夹竹桃、圣诞红、女贞、紫藤等。

由于老年人眼球晶状体中的黄斑会对蓝、绿、紫色系产生过滤作用，他们对这类颜色的植物的分辨能力较弱，所以，在老人活动频繁的地区，适宜将呈现红色、黄色、橙色等色彩特征的植物作为重点植物。在老人易于接近的区域，宜选择枝干形态、叶片纹理、色彩和气味特征明显的植物来刺激老年居民的视觉和嗅觉神经，从而吸引他们对住区植物的关注。

#### 2.4.3.3　提供其他感官舒适度的植物

除了在视觉上吸引居民，适宜的植物配置也能赋予居民其他方面的感官刺激，同样能起到“人—植物”互动效果。

1. 体感

在酷暑季节，由于植物蒸腾作用而增加了空气湿度，其散发的水分可吸收空气中的热量而起到降温作用，所以，当居民进入树荫下，立刻会感觉到凉爽、舒适，因而有“大树底下好乘凉”的说法。一般而言，夏季树荫下的气温比露天气温低 3~4℃，草地上的气温比沥青地面的气温低 2~3℃。除此之外，绿化覆盖率超过 30% 的住区外部空间中，空气中总浮悬颗粒物的数量比城市其他部分下降 60%，二氧化硫的含量则下降 90% 以上。所以，植物种植相对集中、数量较大的住区绿地空间，所能提供给居民的体感舒适度更高，具有很强的吸引力。

我国多数地区的气候特征表现为冬冷夏热，在选择行道树时，需要根据道路走向配置树冠大、分枝高的树木，如果是东西向道路，则提倡种植或间植落叶树，便于行人或驾车者接触更多的冬日阳光；如果是南北向道路，可多配置常绿树种，以增加住区的绿视率。住区常见的行道树常绿树种有香樟、柏树、广玉兰等，落叶树种有银杏、悬铃木、梓树等。

同理，在选种庭荫树时，也需根据地方气候条件搭配常绿树和落叶树。对于冬季对日光需求量大的北方严寒地区，尽量选择落叶树种作为庭荫树。

在现代城市住区中，集中种植的树林地带也是居民热衷前往的场所（见图 2–111 和图 2–112）。每公顷阔叶林在生长季节每天可吸收 1000kg 二氧化碳和生产 750kg 氧气①。由于乔木对二氧化碳的固定效果为灌木的 3.72 倍，为草花花圃的 17.5 倍，具有明显的净化空气的优势。而且，与单株树木相比，

图2–111　台湾心园（上）和剑桥水岸都市（下）：围合或半围合布局的中高层住宅建筑，很容易形成小树林一般的庇护空间，吸引居民在此停歇

① 城市园林绿地规划，P7。

大面积的林地的含菌量明显降低，能提供更充足的新鲜空气和更高的体感舒适度，所以，树木生长状况良好的林地环境无异于一处天然氧吧。城市住区树林的郁闭度尽量控制在0.4~0.6间，当乔木的枝叶过密时，需即时抽稀，或通过修剪以提升树冠。过于郁闭的树林会影响林间采光，给居民以不安定的感受，同时也会影响林内中、下木的生长。

图2-112　法国巴黎Rue de Meaux Housing：经济型住宅区内简洁的桦树林营造出清新自然的居住氛围

2. 嗅觉

芳香类植物向来受居民喜爱，可适度种植在道路或场地边缘，触动居民的嗅觉神经。住区内常见的开花类芳香植物有桂花、栀子花、茉莉、九里香、腊梅、金银木、丁香、玉兰、荚蒾、狗牙花、文殊兰等，叶片可散发芳香气息的有香樟等。

除芳香类植物外，某些药用植物也会散发出特殊味道，如银杏、路边黄等植物，其散发的味道有提神醒脑的效用，可以在住区适当种植，并用标示牌注明其名称及特征。

2.4.3.4　洁净、安全的植物

临近“人”活动区域的住区植物必须具有清洁的外观，避免选用有毒、有刺、多黏液、多落果、易污染、易飞毛的物种，使居民可以安心与植物久居而无恙。

1. 多刺的植物

有时候，开发者或设计者为达到特殊的景观效果，会在路边或公共活动绿地栽种中东海枣、仙人掌、剑麻、蒿草等植物，它们很容易对居民、特别是儿童造成伤害。

2. 有毒害或人体过敏的植物

有些植物含有剧毒成分，如夹竹桃的叶、花、枝干、树皮等均有毒；还有些植物的分泌物、花粉等可能引发人体过敏，如漆树。住区内应避免选择此类植物。

3. 招惹害虫的植物

再如，园林绿化中还有不少招惹害虫的植物，如前文已述的海桐可能因其果实招惹苍蝇而令人产生不快，而蚊母树的树叶则可能长出“虫瘿”，成为蚊子幼虫成长的温床。如果栽种了这类植物，需要在维护管理工作中特别留心，及时做好清理工作。另外，红叶李、乌桕、海棠、枫杨等园林树种可能招引一些飞蛾，同样需要在养护过程中加以留心。

与此相对，住区内适当区域可选种一些具有驱除蚊虫、杀菌消毒作用的植物类型，如有驱蚊功能的香樟树、有净化空气作用的沉香树、有吸收空气中 $SO_2$ 功能的桉树等，突显绿地植物清新空气、抑制细菌的卫生保健功能。

## 2.4.4　促进社区“人—植物”互动的住区组景要素设计

### 2.4.4.1　引导性标识

植物标识能吸引读者对植物的关注，使更多的居民从好奇于标识内容而关注被标识的植物。最简便的方法是在植株旁竖立一个注有植物名称及其生长习性简介的标牌，使居民可以直接阅读有关植物的信息，而幼儿也可在家长的帮助下认识植物。为方便阅读，标牌主要文字距地高度宜在 1.2m 左右。标牌所用语言可结合住区居民构成特点，选用中文、英文、其他地区的语言文字，底部方便触摸处设盲文标识条，供更多居民使用。

为避免植物标牌给居民一种说教式的刻板感受，植物标识的外观设计应力求与周围环境融合、协调，其材料选择上也可多用木、石等自然材料。尽量避免使用“禁止入内”或“瓜果有毒、请勿采摘”等言语生硬或带有恐吓性的标牌，住区内的植物标牌设计应表现出亲和、悦目的积极形象，鼓励居民接触和认识住区内的植物邻居，如图 2–113 所示。

在重要的植物组景区域，可设计与景观对应的特制标识，其上镌刻或书写若干咏景抒情的新旧诗词或短文，“诗情画意”之中使住区场景平添许多文化气息。这种借助文字来增加意境的手法常见于我国传统园林，但古时的园林仅供三两人欣赏；如果能将此传统的造园手法运用于现代城市住区，则会有众多的居民来共同学习、欣赏和发扬中国自己的文化特产，其教育、审美、文化意义都不可小觑。

我国古代吟咏植物的诗歌相当多，其中许多植物也是现代城市住区所常见的类型，如：竹、菊、芭蕉、荷花、迎春花、杜鹃、牵牛花、木芙蓉、紫薇、山茶、萱草、玉簪、蔷薇、桃花、桂花、绣球、石榴、木槿、栀子花、梨花、腊梅等。

此外，也可用借助一些成语典故来标记相应的植物，如“花红柳绿”、“桃李满门”、“望梅止渴”、“蕙质兰心”等，并鼓励居民自己去发掘更多与植物相关的古成语或典故，运用可更替的标志面板来提升住区标牌的教育意义。

图2–113　上海安亭新镇：简洁、醒目的标志提示居民与植物保持友好关系

### 2.4.4.2 湿地园及生态水池

可供湿地园选用的植物类型非常丰富，从高大的乔灌木到低矮的苔藓草本，一应俱全。根据植物距离水岸的远近关系可分为岸上陆生植物、临岸泽生植物、岸边水生植物和离岸水生植物；根据植物生长与水体的关系，可分为滨水植物、挺水植物、浮叶植物、浮水植物和沉水植物。当这些植物组建在一起，便产生了层次丰富的湿地植物景观。

在湿生植物中，最具特色的植物类型当数从陆地向水体过渡的挺水植物，其蓬勃向上的态势打破了水平向延展的水体的单调感，使整体构图更显生气。与滨水植物相比，挺水植物与水的关系更为亲近，满足了人们的亲水倾向；与荷、莲等浮水植物相比，其挺立的茎叶更接近观赏者的视线。住区湿地园常用的挺水植物有香蒲、菖蒲、芦竹、美人蕉、水葱、莎草等，如住区水体面积较大，成片丛植的挺水植物更具吸引力，如图 2-114 所示。

湿生乔灌木中，也有不少植物株形以竖向线条为特征，垂柳即是其中一例，如图 2-115 所示。垂柳的根系发达，具有护坡和观赏的双重价值，而“昔我往矣，杨柳依依”、“渡头杨柳青青，枝枝叶叶离情”、“杨柳岸、晓风残月”等古典诗词的传诵更使水岸垂柳的形象早已深入人心，将垂柳成为历朝历代滨水植物的首选。但应用垂柳时，应结合盛行风向考虑种植位置，避免柳絮污染水体和给居民户外活动带来不良影响。

图2-114 英国West Country的住宅花园：挺立的香蒲与其后垂直线条的柳树交相呼应

图2-115 上海万里中环花苑：水边的垂柳与拂水的迎春呼应，它们的竖向线条增强了水体的纵深感

开花植物是打破湿地园单调沉闷感觉的有效元素，滨水植物如鸢尾、萱草、玉簪等，浮叶植物如荷花、睡莲等。此外，在近岸处也可配置一些色泽鲜亮、枝形优美的乔灌木，如山茱萸、鸡爪槭、金边红瑞木等，这些植株及其斑斓的倒影对于增补水岸景观色彩和调节湿地环境气氛有突出作用。

湿地花园植物必须进行经常性维护工作，以保证水生植物的正常生长和湿地水质。一方面，应利用一些具有净化水体功能的水生植物（如睡莲、布袋草、野慈姑、莎草等）吸收水中的二氧化碳和磷，起到预防水质腐败的效用；另一方面，必须作好定期疏浚和清理工作，防止某些扩张性湿生植物侵占水面和导致水位提升，使湿地水体长期保持开合有致的景观效果，如图 2–116 和图 2–117 所示。

#### 2.4.4.3　自种园地

大多数的城市住区中，都由专业的物业公司或绿化公司来养护植物。但如果能在住区内留出居民自己的种植场地，既能促进居民与植物的交往，又能培养居民的社区归属感，如图 2–118 所示。

自种园地内种植的植物可以是常见花草，也可以是蔬菜瓜果。园地的面积不用很大，可将其划分成可供居民个人使用的小块种植园地，如图 2–119 和图 2–120 所示。种植池内的表层土壤条件需良好，种植区域应每日能接受数小时的日光直接照射，并配备水源或蓄水槽。为方便居民经常性的养护工作，种植池边缘不必很宽，种植池的高度可根据场地情况布置成若干高度区，使一些不便弯腰活动的居民能比较轻松自如地工作。有些住区还在邻近自种园地不远处提供公用的工具储藏间，方便居民就近取用园艺专用器具和设备。自种园地附近应设置适量休憩座位，供居民在劳作之余歇息和交流。

在住区内开设自种园地，对老人和儿童的吸引力较大，老人们喜欢与朋友共享劳动的喜悦，而孩子们则从中增进了自己的植物知识（可特别选种一些作为生物教科书中重点范例的植物），自我养育植物的体验也是培育个人责任感和爱心的过程。在养花植草的过程中，居民之间可以相互帮助和交流经验。当住区居民看见自己亲手培育的植物不断生长、开花、结果时，会更加珍视身边的一草一木，也能更真切地感受到住区的外部空间也是自己家园的一部分。

自种园地的做法在国外住区屡见不鲜，如新加坡的许多住区都特设有一小块园地，方便居民、特别是住区儿童就近养护（见图 2–121）。在日本的“HAT 神户 · 胁之畔”住区，设计师也特意留设了自种场地，供住区内的志愿者栽种花木，而居民也很容易与自己亲手培养的花木建立感情。在英国索尔福德的苹果园庭院，将塔楼街区周围的土地完全用于生产功能，开发了一处兼具粮食种植、有机园艺、果园、池塘等内容的园地，结果使公寓内的居民在水果和蔬菜消费方面几乎自给自足，甚至还另有一些副产品的收益。

虽然国内住区内开设自种园地的做法极少，但也有个别先例。如苏州的太湖胥香园住区，在住区内留出一块 200~300m$^2$ 的生态农庄园，专供住区儿童体验农作种植。该园地被细分为若干小地块，以家庭为单位认领种植。

图2-116　上海万里城中环花苑：大小生态水池及溪流构成住区的生态景观带

图2-117　上海中凯城市之光：城市中心区难得一见的大型生态水池

图2-118　日本HAT神户・胁之畔：栽种花木的志愿者，她们对亲手培养的花木有更深的感情

图2-119　日本HAT神户・胁之畔：划分为小块种植池的自种园地

图2-120　重庆水晶郦城：现代景观设计中常用的几何形条状植物分区实际上可作为便于居民近距离养护的自种园地

图2-121　新加坡一住区内的居民厨房花园Kitchen Garden

#### 2.4.4.4　住区特色植物园地

在住区外部空间，将观赏特性相似或相对比的植物组织在一处形成植物欣赏园地，可以有意识地强化居民对这类植物的关注。“香樟林”、“经典植物欣赏园”、“植物迷宫”、“香薰园”、“药用植物园”、“芳香植物园”等场地，都是利用植物材料设置景区或景点的手法，如图 2–122 所示。

图2–122　上海达安花园：兼作健身卵石步道的植物迷宫

#### 2.4.4.5　住区温室

近年来，住区温室逐渐出现于城市住区。它为那些花盆种植的住区植物提供了适宜的生存和庇护环境，帮助其越冬、保湿，从而增强住区植物的成活率。当植物生长强健或时值花期时可将其移出至温室外，使住区外部空间中的植物景观常变常新，长期保持花叶俱佳的状态，如图 2–123 和图 2–124 所示。

图2-123 北京万泉新新家园：小巧、雅致的庭院花房兼作地下车库采光井，方便居民就近使用

图2-124 上海愉景华庭：位于住区中心位置的温室，用曲面弱化建筑巨大的体量感

植物温室的存在，对住区内部居民而言，为他们提供了学习植物种植知识、租借盆花和欣赏更多类型植物景观的可能；如果管理得当，也可能对外出售或租赁盆花，达到自给自足的经营目的。

住区温室的建筑设计应谨慎，注意保持适宜的尺度、外观和位置。对于多数中等尺度的城市住区而言，尺度庞大、体形笨重的温室并不适宜设置于公共活动场地的中心位置，它削减了住区内部的公共活动场地，也很难形成良好的视景。如果住区内设有温室，则需经常予以清洁，保证居民在温室外仍可透过玻璃表面观赏到内部植物景观。

#### 2.4.4.6　与植物相关的景观小品设施及细部设计

取植物的形、色作为住区环境中的图案或造型素材，在景观设计中并不少见，如铺地图样、灯具外形、花窗形态、植物雕饰等。为突出植物某一方面的特征，可以将与植物相关的景观小品设施与特定植物相邻而设，它们能够给居民留下更深刻的视觉印象，如图 2–125~ 图 2–130 所示。

图2–125　梅花图案的庭院铺地

图2-126　深圳熙园：底层架空层的植物浮雕图案简洁、醒目

图2-127　与龙舌兰相邻而建的龙舌兰钢雕突出了植物的形体特征

图2-128　荷叶形态的步石对孩童极具吸引力

图2-129　花坛外圈的植物浮雕清晰可见

图2-130　上海愉景华庭：植物为题材的室外音箱小巧可爱，但如果少了相关植物陪衬，则多少显得生硬

#### 2.4.4.7　住区照明与植物

住区照明设施的布置有助于营造良好的夜间环境，增强晚间住区外部环境的利用率。照明设施的分布和设计应保证活动场地及行走路径的充分采光，而灯光的强度和投射方向不应干扰户内居民的休息。结合住区的植物配置，住区照明要突出重点植物景观，使居民能感受到不同于白天的特殊氛围，引发对住区植物的兴趣。

适合于夜间欣赏的植物有形体突出的大型乔灌木，也有花、叶独特的低矮灌木或草本植物。

如果是表现住区大型乔灌木的夜间景观，比较常见的做法是在临近植物的地面安置低压的上射灯，或在乔木或灌木枝条上悬挂发光源或玻璃灯饰，方便居民欣赏夜景或在植物周围活动。

适宜夜间观赏的观花、观叶植物一般为银色、白色或其他浅淡色泽（见表 2-5）。它们或成丛种植，或花叶大型，在月光或灯光下形色突出，易于吸引居民的眼球。如小径两旁或室外座椅附近的薰衣草、马蹄莲，水生植物中的白花睡莲（指夜花型热带睡莲）、白花鸢尾等，在昏暗朦胧的水池环境映衬下，表现出较好的夜光效果。

芳香类植物是非常适合夜间欣赏的类别。多数芳香类植物在夜间散发的香味更加浓郁，有些植物甚至只在夜间开花。景观设计者可以巧妙利用植物这一生长习性，吸引居民在晚上走出家门寻香赏花。玉簪、栀子花、月桂、白花百合、丁香、香雪球、百里香，以及许多荚蒾属的植物等都是开白色芳香花朵的物种。

**适宜住区夜间观赏的观叶观花植物简表**　　表 2-5

| 观赏特性 | 特性 | 相关植物 |
|---|---|---|
| 叶色 | 银白 | 灌木：红花玉芙蓉、银线竹蕉<br>草本：薰衣草、银边翠、白雪彩叶芋、银叶菊、银叶喜荫花<br>藤本：虎耳草、白王合果芋 |
| 花色 | 白色，大型花 | 乔木：广玉兰<br>灌木：栀子<br>草本：马蹄莲、白花鸢尾、百合、菊花<br>水生：白花睡莲、荷花 |
|  | 白色，聚伞花序 | 灌木：白花绣球、蝴蝶荚蒾<br>草本：福禄考、<br>藤本：雅花球兰 |
| 花味 | 白色，芳香 | 灌木：栀子、月桂、香雪球、荚蒾绣球、丁香、桂花、多花素馨、金银木<br>草本：玉簪、百合、百里香、晚香玉、香雪兰<br>藤本：木香、络石、 |

## 2.5 通过景观建设促进“人—动物”互动

与“人”共同栖居于城市住区中的生物，除了作为绿化重点的植物之外，还有大量被居民忽略的动物。如果说住区植物是住区生存环境中的生产者，为维系健全的生态环境，必然需要细菌、菌类、蚯蚓、蚁类等分解者，以及昆虫、两栖动物、哺乳动物等初级生物消费者。

针对世界日益严重的环境问题，Wilson，E.O. 在其《生命的多样性（The Diversity of Life）》中提到，“现在的环境问题分为丧失适于生命生存的物理环境和丧失生物的多样性”两大问题。这就为人类住区的规划设计者提出要求：首先，要建设适宜多种生物生存的外部空间环境；其次，还要使生存于此环境中的生物数量增加到足够丰富的程度。考察多数的城市住区，人们不难看到，其内植物的种类和数量是比较丰富的，但动物的种类及数量却相当有限。从某种程度说，城市住区的生物多样性匮乏，城市住区的生态处于失衡状态。所以，我们有必要在住区内引入更多有益的动物，而这里谈及的动物并非指家庭喂养的猫、狗等宠物，而是更提倡活动于住区公共空间、身处自然状态之中的有益小动物。

住区内动物的体量大多偏小型，常飞舞于红花绿叶旁（如蜻蜓、蜜蜂等）、停歇在山石草丛之间（如甲虫、蚱蜢、蚯蚓等）、或浮游于溪流水体中（如蝌蚪、鱼等）、或往返于水陆环境之间（如青蛙、蟾蜍等），有些住区还饲养了鸭、鹅等较大型的动物，它们不仅促成了住区环境的生物多样性，还增加了住区景观的自然田园气息。

### 2.5.1 在住区内引入小动物的意义

#### 2.5.1.1 重塑人与动物的友好关系

自古以来，人类的生活就与动物有着密切联系。通过许多考古遗迹及古书记载，人们不难发现，动物是古代人日常起居不可或缺的元素，它们不仅可以活体形式生活在人们周围，也经常出现于各种器物、建筑及居室内外的陈设中。

在人类出现之前，大量的动物早已定居地球。出于对神秘生灵的恐惧和敬畏，远古人视动物为神（如公牛、羊、猫、狗、鹰、蛇等），在人、神、动物之间产生了丰富奇特的神话及寓言故事。原始部落中的人与动物之间保持着一种平等而持久的古老关系。例如，在今日非洲的土著人村庄中，依然可以见到居民与狮子自然共处的情景，生活于丛林中的狮子会不时在居民的房前屋后觅食，它们还成群参加居民节庆和坐待人们分给食物，当狮群中的一员死去，村里的居民则会前往悼念。可见，人类的祖先与动物之间是能够相互理解的，人与动物之间这种和睦关系本身就构成一幅独特的聚居景观。

随着人类文明的发展，人类对动物有了较深入的了解，并对其加以驯化，动物逐渐成为人类的朋友和帮手。虽然有权势之人将动物作为寻欢作乐的工具，在血腥的动物竞技中得到享受；但在居家场合，人与动物之间仍保持着比较友好的关系，不少达官贵族豢养了大量动物以自我炫耀。例如，在古代波斯花园中，经常可以看到独角羊的形象；在印度的私家花园中，也不乏主人精心饲养的猴子、孔雀、鹦鹉、猫及其他家禽、飞鸟等（见图 2–131）；在日本花园水池中，则可以观赏到锦鲤游动，而狐狸也是其喜爱的动物；菲律宾人则是将公鸡视为忠诚伙伴，倍加宠爱；而中国人的传统庭园中，也常常可见鸟、猫、狗、鱼、甚至蚱蜢、蟋蟀等动物的踪影。

图2–131　印度公主与其花园中的宠物玩耍

然而，现代城市生活拉远了人和动物的距离，为了获取豪华稀有的皮草、饰品、食物等，出现了人类大量猎杀动物的行为，许多动物的数量急剧减少。所幸的是，人们的生态意识开始加强，也在重新审视自己与动物的关系，人与动物相互依存的共生关系有望重塑。日本东京大学的浅见泰司教授在其针对居住环境评价方法研究中也特别将“与小动物、昆虫共生”列为评价住区自然环境舒适性的一项指标。

2.5.1.2　住区动物对儿童的教育意义

小动物的引入对于营造自然、和谐的互动住区有重要意义。城市住区中的居住者不仅应有人和植物，还必须有动物的加入，才能构成相对完整的生态系统和促进人与自然共生的和乐氛围。住区小动物的引入，对于培养居民热爱生物、尊重自然的心态有直接作用，其中，儿童将是最大的教育受益者。

据相关调查，从出生后直至 9 岁的成长过程属早期儿童开发阶段（即 Early Childhood Development，简称 ECD，见“From a Child’s Perspective”），儿童在生理、智力、情感、精神和社交等方面的进展相当大，并直接影响到个体成年后的发展。其中，0~5 岁的小孩大脑发育最快，是非常活跃的学习者，如果给予其大量、多样的感官体验和行为活动的参考，会促进幼童脑细胞之间联系的迅速产生和建立，也即是能加强脑神经线的连接。由于这一年龄阶段的儿童在住区活动时间最多，所以，人们所居住的城市住区有必要为孩子们提供充足的感官体验。

如果说住区植物给予儿童的感受偏重于静态，住区动物带给小居民的感受则是不断变化的动态感受，故能产生更多、更强烈的感官刺激，儿童很容易被住区动物的活动所吸引，不自觉地长时间跟踪观察。昆虫、蜗牛、鸟类、家禽等，都可能成为儿童关注的对象。

在住区内，可有意识地引导儿童对动物行为进行观察和模仿，这种活动有助于锻炼个人的身体活动能力和大脑推理能力。当小居民们体会到在自然栖息地中探索、玩耍和与自然生物共同成长的乐趣时，在不知不觉中对自然界生物产生浓厚的兴趣和爱好。在美国得克萨斯州的圣安东尼奥动物园（San Antonio Zoo），还特设了专供儿童模仿动物、与动物共同成长的自然游憩场所，以帮助儿童成长，培养儿童与自然互动和对自然生物的兴趣。其实，早在我国汉代，神医华佗创立了沿用至今的五禽戏，这种功法的特征即是模仿五种动物——虎、鹿、熊、猿、鸟的动作和神态；在现代儿童教育中，也有教师带领儿童跳动物舞的做法。遗憾的是，多数的城市居民早已忽略了从动物身上汲取、学习有益成分。

当儿童对住区小动物有进一步了解之后，他们可以在成人的指导下参与到动物生活中。例如，为小鸟或小动物的巢穴更换稻草，为小动物添水、喂食，甚至亲手触摸小动物的皮毛，或清洗、梳理小动物的皮毛。事实上，儿童很容易与自己喜爱的小动物产生共鸣，并建立亲密友好的关系。在与小动物的交往过程中，可以培养儿童的爱心、帮助他们体验分享的快乐。当儿童有机会观察新生命的出生和老动物的死亡，他们能更真切地了解生命的循环，从中领会生命的可贵，转而更多地去关心和爱护身边的小动物。

住区儿童喜爱的动物与他们所熟悉的童话故事很有关系，蜻蜓、蝴蝶、小鸡、小鸭、松鼠、小兔、小羊羔等，都是儿童们耳熟能详且比较容易饲养的小动物。此外，色彩鲜艳、身体高度在儿童视平线以下、行动活跃且易于模仿的物种，都是比较适宜的选项。住区内应避免选择难以控制的中、大型动物，诸如虎、豹、狮、鳄鱼、大象之类，至多作为雕塑或建筑装饰图案存在于住区，如图 2-132 所示。

图2-132 哈尔滨河松小区：儿童乐意与小动物亲近。虽然是静止的雕塑，也能使孩子们对龟兔赛跑的故事产生更深刻的印象

#### 2.5.1.3　住区动物对住区环境的生态意义

引入合适物种的小动物有助于住区外部空间的自然生态平衡。特别是一些鸟类、昆虫和小型哺乳动物，它们可以抑制住区绿化空间的害虫孳生，如蚜虫、蜗牛、蛞蝓等。与使用化肥、农药等化学制剂相比，生物灭害的方法更有利于环境保护和生态保育。

### 2.5.2　住区小动物的选择及特色场地的设置

#### 2.5.2.1　住区小动物的选择

在选择住区小动物时，可自主地饲养一些被多数居民所喜爱且有益环境的动物，如鸟类、鱼类、水禽等。住区小动物的选择应排除对住区生态环境有危害的类别，并注意所选物种与其他生物的兼容性。并非所有的自然生物都能和谐友好地生活在一起，在选择住区小动物时必须考虑其生活习性和饮食特点。例如，很多观赏性的鲤鱼对水池里的水生植物有破坏作用，黑鱼会吞噬大量的观赏鱼类，小海龟可能也会吃鱼等。

1. 鸟类

选择鸣声悦耳的鸟类，以及可帮助消灭害虫的鸟类，如燕子、捕蝇鸟、山雀、蓝知更鸟、黄鹂等。配合这些益鸟的捕食习惯，应尽量为其创造天然的捕食环境。当人们清晨醒来或工作归来，听到那些清脆的鸟鸣声，精神也为之振作（见图 2–133）。

图2–133　社区草坪上观察鸟儿的母子

有些鸟儿有美丽的羽翼，如相思鸟、芙蓉鸟、绣眼鸟、翠鸟、五色鸟等，它们可构成住区内时动时静的亮丽景观；有些鸟儿善于学舌，如善学人言的八哥、白头翁，能学老鹰叫和猫叫的百灵鸟等，它们能为住区生活带来更多乐趣，也是很多居民喜爱逗乐的对象；有些鸟类喜好争斗，当它们活跃地蹦跳嬉戏时，可以令许多居民驻足观望；擅长鸣叫的鸟类也是居民喜爱的对象，其清脆悦耳的声音即是来自大自然的天籁之音。

蓝孔雀或绿孔雀是人们喜爱的鸟类，其鲜艳夺目的羽毛令人叹为观止。有些住区将孔雀也请入户外空间，其优雅的身姿本身就是一道亮丽的景观，特别是开屏时的雄孔雀，更具有强大的吸引力。孔雀对生长环境的要求不高，一般生活在相对僻静的树荫场地，饲料基本与家鸡相似。此外，孔雀性情温和，其双翼不发达，并不善于飞行，因此，更适于人们近距离、长时间的接触。

住区内的鸟类尽量表现其自然生长状态，正如欧阳修所言，“始知锁向金笼听，不如林间自在啼”。笼养状态的鸟儿的天性是不完整的，不利于人与鸟之间的平等交流，也无法达成人与自然之物和谐共生的情境。

如果有意为鸟类搭建鸟巢，应尽量选择安静、受外界干扰小的场所，如围墙角落或屋顶花园的灌木丛、水池中的小岛、小树林内部等。

多数小鸟喜爱多浆果、梨果、核果、球果等肉质果的乔灌木，如枸子、冬青、卫矛、火棘的果子等，都是鸟儿的食物来源。尤其是那些越冬挂果的植物，更能在食物稀缺的季节为鸟儿提供宝贵营养。为帮助冬季寒冷地区的小鸟过冬，可在为它们准备越冬的巢窠内放置适量未加工的坚果、谷物等食物。

2. 鱼类

水是住区景观营建中的重要元素，但人们在亲近水的同时也不时为水中易孳生蚊蝇而烦恼。如果在水池中放养鱼类，它们能吃掉蚊卵及其幼虫，控制蚊子的生长繁殖。此外，金鱼还以水底的蜗牛、小虫及植物落叶碎片等为食，在很大程度上起到水中清洁工的作用。同时，鱼的排泄物也为水生植物的生长提供了营养源。当管理人员为鱼儿喂食时，许多居民都乐意聚在一旁观看水中鱼儿活蹦乱跳的情景（见图 2–134）。

3. 水禽

鸳鸯、野鸭、鹅等都是人们熟悉的水禽，它们在水中的活动可以增加水体氧气，而其粪便经水体和微生物综合作用后可成为鱼的饵料。但放养水禽时应根据水体大小控制水禽数量，并及时做好清洁和管理工作，避免其对水体及住区绿化等造成污染和破坏（见图 2–135 和图 2–136）。

4. 昆虫

大自然中有数以万计的昆虫类别，在住区内适当引入蝴蝶、蜜蜂或一些可捕食害虫的昆虫，同时增强住区外部空间的自然野趣。放养小昆虫时，需要对其数量和生长情况予以认真观察和严格控制，防止其泛滥成灾。

人类对昆虫的喜好自古有之，古希腊诗人爱奈科雷昂曾用诗句歌咏蝉：“你是劳动者的朋友，从不伤害他们。你是夏天可爱的预报者，人类尊崇你，缪斯珍爱你……你的身

图2-134　上海新梅共和城：儿童喜爱与池中的小鱼、小蝌蚪嬉戏

图2-135　上海奥林匹克花园：成群放养的鸭子成为令人瞩目的水中景观

图2-136　上海万里城中环家园：悠闲自在的白鹅，俨然一副住区主人的姿态

上没有旧日的重压，你没有血肉，永远不变，你与神相差无几。”[①]

为吸引昆虫，住区花园内应种植花蜜充足的开花植物。值得注意的是，昆虫并不很愿亲近人工栽培的植物品种，相反，它们喜爱野生的花卉植物，如蝴蝶灌木、长药景天、金银花、迷迭香、薰衣草、雏菊等（见图 2–137）。

图2–137　引导小孩认识动物

2.5.2.2　特色动物场地

如果住区的生态条件适宜，可开辟一些专供某类小动物生长的园地，如蝴蝶谷、萤火虫湿地、蜻蜓园、鱼池、鸟浴盆等，营造有生态教育意义的住区特色景观。此外，了解地方动物的生长习性，为它们培养适宜的生长环境也是吸引小动物健康入住的前提。

1. 蝴蝶谷

在现代城市住区中，已很难发现体态轻盈、翩翩飞舞于花丛间的蝴蝶，儿童在花间追逐美丽的蝴蝶的景象，只能在人们的记忆中得以存留。城市住区生态环境的非健全状态，是导致蝴蝶消失的主要原因。当蝴蝶无法找到小气候条件适宜、有食物源和安全感的场所时，自然不会久留。所以，吸引蝴蝶的首要条件是为其营建适宜的生活环境。

蜜源植物是蝴蝶生存的必需物，住区内最好能成片种植开花植物，至少保证春季、夏季、秋季均有花开放。

此外，蝴蝶喜欢有水池湖沼的环境，且水池应尽量位于温暖的向阳地，即使在秋冬季节也需要满足每天不少于 6h 的日照要求。为方便蝴蝶安全啜饮和嬉戏，应为其预留水深 0.03~0.2m 的浅水区，这部分浅水区可以是水池生境的一部分，也可以是岩石凹处的积水，或者是铺设砂砾的浅滩。有些住区还特意为蝴蝶准备了浅水盆或鸟澡盆，在盆内铺卵石和润湿的白沙，在盆旁植多种开花植物以及可为蝴蝶幼虫提供食物的欧芹、莳萝等植物。

由于不同种类的蝴蝶对生活环境的要求不一，有的喜较为郁闭的丛林环境，有的喜花草丛生的开阔草地，有的则流连低洼润泽的湿地水池，所以，住区外部环境的丰富多样化有助于吸引更多蝴蝶的驻留。配合植物分布，可以在草坪或花丛中点缀一些天然岩石，或者设计成岩石园的形式；在春秋季节，经太阳烘晒之后，那些温暖的岩石表面也是蝴蝶乐意停留的场地。

2. 萤火虫湿地

那些在夜空飞舞的萤火虫群，在孩子们眼中，是一道美丽而奇妙的风景，中国的古人也因此有“轻罗小扇扑流萤”的情境。然而，在现代城市及城郊中，由于农药、化肥、

① ［法］加科 · 布德（Boudet，J.），《人与兽——一部视觉的历史》，第 49–50 页。

漂白粉等化学用品的喷洒以及光污染、噪声污染等原因，破坏了萤火虫的生长环境，所以，现代人很难在身边发现萤火虫的踪影。萤火虫品种有水生、陆生和半水生三类，其生长周期不长，也不会危及其他物种生长，不至于对住区的生态环境造成不良影响。萤火虫以河螺、蚯蚓、蜗牛等为食，它们喜潮湿、多草的溪流河岸及湿地环境，且要求水质纯洁、空气清新，所以，如果一个住区内的萤火虫能生长良好，也反映出该住区的小环境品质较高。

3. 鱼池

住区公共鱼池内宜选用适应性强的常见品种，如花鲢、草鱼、鲤鱼等。

不同鱼类的生长对水池深度提出相应要求，一般而言，室外水池中的鱼类生长需要不低于 0.45m 的水深。不同鱼类的水深要求各不相同，如，金鱼生长需水深 0.6~0.9m，锦鲤生长需水深 0.9~1.5m。

此外，供鱼类生长的水池还需保持相对恒定的水温。由于较深的水池有利于维持较稳定的温度，所以，饲养鱼类的水池在安全、经济的前提下以深者为宜。水池的养护者需根据气候变化使用池塘加热器、或防止水面结冰的塑料篷等，调节水温以帮助池中鱼类及其他小动物越冬。在冰冻地区，可局部使用水池加热器，使冰面始终有一定区域保持不结冰状态，否则，需将池鱼移入室内越冬。鱼类对水池的大小要求不高，但要求夏季的水池有一定的荫蔽区域。

然而，水池中鱼的数量并非越多越好，鱼的数量过多会导致水中氧气不足而生长困难甚至死亡。通常，1m$^2$ 的水面可容纳 10 条 50mm 长的鱼，如果鱼儿的生长速度快，其生长密度则需根据其鱼的体量变化再疏减。所以，适时查看和捕捞是看护鱼池者的重要工作。

如果能在鱼池内或沿岸配置适宜香蒲、鸢尾、千屈菜、水葱、菖蒲等水生植物，可利用生物净化作用保证水质，形成良好的水域生态系统。

4. 鸟浴盆

鸟儿对水有天生的喜好，无论是涓涓细流还是静止的水面。在住区中可有意识地放置一些鸟浴盆，吸引鸟儿前来喝水或洗澡。

鸟浴盆的设计应考虑为鸟儿提供一块干燥、可供落脚的地方。一般而言，浴盆的边缘可作为这种场地。为给予鸟儿安全的饮水和洗浴环境，鸟浴盆内的高度宜距地至少 0.9m，盆内水深在 13~50mm，面积 1~3m$^2$ 为宜。浴盆底部铺设干净的细砂，以保持水体干净和减少维护次数。寒冷地区的鸟浴盆应考虑在冬季用加热器融化表层的冰。

为防止鸟类疾病的传播，住区内的鸟浴盆应做好保洁工作，需定期为盆体及水进行彻底清洗和消毒（一般每周一次）。

5. 水禽园

与蝴蝶、鱼类等相比，水禽对水池空间的要求更大且深，使其能够比较自由地在水面游动。水禽园的设计可结合住区水景设计，为水禽提供多样活动场地。如宽敞的湖面、蜿蜒的溪流、植被条件良好的水中小岛等，使依水而生的小动物能享有充足、安逸的活动空间。

### 2.5.3 如何吸引更多的有益小动物落户住区

自然式的住区内外景观条件可以为更多生物生长提供相对适宜的背景条件，特别是有自然水体的场地，可能蕴涵着相当丰富的生物资源。

#### 2.5.3.1 住区内、外原有生态空间的利用

如果住区内、外原有良好的生态环境，首先应在项目启动前进行生态影响评估，并通过合理的规划设计和建设施工，将对环境的不良影响尽可能减至最低，必要时，甚至须放弃对项目的选址。

如果经环境评测，适宜在所选地区进行住区开发活动，仍需在开发过程中谨慎关注住区内、外生态空间的变化。事实上，成功的住区开发活动不仅不会损害原有生态环境，还会在景观规划设计时对当地这一特有的先天资源加以利用。住区不仅可以“借”原有的生态美景，还可能结合住区生物景观廊道的设计，将外部生态地的有益生物“引”入住区内部。

位于日本东京都大田区的“纪念广场”住区，其面积虽不及 $1hm^2$，但原有地块上生长着很多柯树和山毛榉，以及栖息于林地的小鸟、昆虫等多种生物（见图 2–138）。从开发之初，开发商即提出要“保留这些丰富的树林”，并在住区内拟建循环水流的生态水池，以保留和改善住区小生物的生存空间。这样，未来住区的新居民一经入住，就能感受到与小鸟、昆虫、鱼等小生物和谐共处的乐趣。住区的孩子们还自发地在生态水池中放入鳉鱼苗，以吸引萤火虫在此安家。“人—动物”的互动关系就在这样的绿色家园中自然建立。

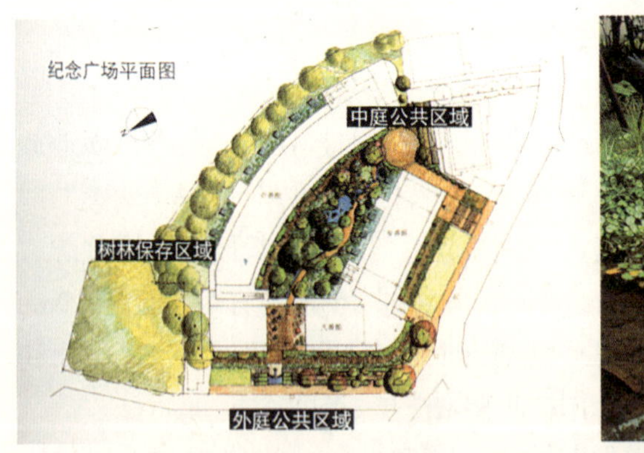

图2–138 日本东京都大田区“纪念广场”住区：细心保留的林地和循环水流的生态水池为鱼、鸟、昆虫提供了生存空间

不过，在我国的城市地产开发热潮中，我们看得更多的是对原有生物生存空间的破坏行为。即使是开发理念居于较高层次的知名地产企业万科，也曾在《万科的主张》中就此问题而反省。

建于深圳的万科金域蓝湾住区，地处风景优美的深圳湾，其建筑与景观设计均相当

精美、高档，具有极佳的销售业绩。然而，万科却对这样一个众人夸赞的项目进行了“检讨”。原来，距该住区仅 200m 处即是红树林国家级自然保护区，原有许多海鸟在此海域空间活动。但是，金域蓝湾住区为争取“户户朝海”而建造了连续的曲线型高层板楼。33 层和 52 层高的建筑如一堵巨“墙”，隔离了海岸与陆域的空间联系。当鸟类的盘旋空间减少之后，原有生物的数量亦随之减少，如图 2-139 所示。

图2-139　深圳万科金域蓝湾：建筑巨“墙”隔离了海岸生物与陆域的空间联系

如万科地产，能不断反省开发工作的企业，仍是值得钦佩的，因为这样的地产企业在将来就很难重蹈覆辙。但是，我国为数众多的地产企业，始终是赢利为上，甚至在我国的自然保护区、风景保护区，也会出现此起彼伏的违规住区建设，它们往往通过简单的用地平整工作，就毁掉了原生动物栖息了数百年、甚至数千年的良好生态环境。

对于住区初始环境中的原生动物，应在初始设计时即予以重视和保护。如果原址内外并无可利用的生态资源，则需要在住区内部打造适宜小动物生活的生态栖居地。

2.5.3.2　住区内部湿地花园设计

湿地园的消费者种类很多，如昆虫、鱼、虾、蛙、蚌等，而鸟类及水禽是湿地园的重要景观特征。由于多数城市住区的用地都相当紧张，不可能在局促的空间内设置太多的专项动物场地，在这种情况下，适宜多种生物生存的湿地花园形式是非常好的选择（见图 2-140）。

与陆地环境相比，湿地环境的表面增温困难且蒸发量大，故湿地地区的气温较低，适宜在夏季炎热的地区推广。又因湿地生态系统具有良好的净化空气和水体的作用，小气候条件佳，所以，湿地花园的植物生长繁盛。由于植物的叶、花、果等能提供食物或庇护场所，植物繁茂的湿地区域必然会成为吸引飞鸟、水禽、昆虫等小动物进入的嬉戏、栖息场地，如蝴蝶、蟋蟀、萤火虫幼虫等都可以作为湿地生态园的放生动物。

然而，要使小动物能在城市环境内健康生长并不是容易之事，水池的温度、深度、面积等都直接影响小动物的入住。如果住区从临界河流引水造景，水体面积大或支流长，

图2-140　上海中凯城市之光：湿地为多种小动物提供了生活空间——水岸的乔灌木为小鸟提供筑巢处；水体可吸引水禽、两栖动物、蜻蜓和其他小昆虫，以及以这些小动物为食的更高层消费者；水岸的芳香类花草吸引蜜蜂、蝴蝶及其他食花蜜的小动物；水岸植物的叶片为幼鸟和小型哺乳动物提供庇护处

则有必要在住区建立活水处理系统，对引入水进行深层过滤、净化，防止住区内部水系受污染，为住区内的小动物提供安全、洁净的生活环境。

如果要吸引蛙类、蟾蜍、蝾螈、蜥蜴等两栖动物入住，则需要用自然的石块或原木砌筑水池驳岸，或造自然式浅滩，并密植湿生植物，便于两栖动物安全、便捷地进出水池。但是，如果水池中有小鱼，则应避免引入牛蛙、龟鳖等动物，防止小鱼被捕食。

在湿地花园的水体中，可适当设置若干住区居民无法抵达的水中岛，并在岛上配植湿生花卉和灌木，这种小岛即是水禽、水鸟、青蛙、乌龟等所喜爱的庇护地。如果不便营建小岛，也可将圆木部分沉入水中，而其露出水面的部分如同小岛一般，成为小动物的栖息地。当然，为方便孩子们及热爱小动物的居民仔细观察那些带着野性的小生物，也可在水中安置伸长的木质平台、亲水栈道或跨水小桥等，在不影响花园原朴风貌的前提下引导居民与小动物交往。

在日本爱知县日进市的Castle New Court——日进公寓景观建造工程中，特意保留原有荒芜的水池并加以改善。他们先将水池中的鱼临时移出，改良池底污泥后再将鱼放回，同时召集居民及孩子们开展有关动植物栖息地的讲习会。为了吸引更多小动物入驻，又用树枝结合石块砌筑驳岸，在岸边种植大量湿生植物，最终促成人与动植物和谐共生的住区环境（见图2-141）。

#### 2.5.3.3　生物链及住区植物的选择

生物链是由动物、植物和微生物相互提供食物而形成的链条，在住区的小气候环境中，植物、昆虫、鸟类和其他生物之间同样可构成相互依赖而共存亡的生物链。植物能为动物提供多样的生存空间及食物，而动物则能为植物提供养料和传播植物种子。结合对生物链的分析来选择住区动物，能使住区生物在种类和数量上和谐相处，促成住区内的良性生态循环。

图2–141　日本爱知县Castle New Court——日进公寓：细心处理和改善后的生态水池成为吸引小动物的自然栖息地

最令蝴蝶和蜜蜂等小昆虫感兴趣的是开花的蜜源植物。如果条件适宜，成年蝴蝶还会在植物叶丛上产卵繁衍。

对许多飞鸟和野生小动物而言，色泽鲜艳的浆果具有极强的吸引力。特别是在食物缺乏的冬季，那些经冬不落的果实是小动物所追寻的捕食对象。住区内常见的观果植物有冬青、鸟不宿、火棘、山楂树等，如表 2-6 和表 2-7 所示。

住区内常见的吸引野生生物的蜜源植物　表 2-6

| | |
|---|---|
| 乔木 | 刺槐、银杏、紫椴、胡枝子、龙眼、玉兰、枇杷、桉树、棕榈、侧柏 |
| 灌木 | 女贞、小檗、瑞香、枸子、梅、荚蒾、杨梅、扶桑、海桐、含笑、马樱丹、茶花、蔷薇、锦鸡儿、鼠刺、火棘、丁香、醉鱼草、忍冬、柑橘、樱花、杜鹃、桂花、花椒、枸骨冬青、南天竹、石楠 |
| 藤蔓植物 | 九重葛、牵牛花、常春藤 |
| 草花及地被植物 | 石竹、四季草花、薰衣草、矢车菊、百里香、雏菊 |

住区内常见的吸引野生鸟类的鸟嗜植物　表 2-7

| | |
|---|---|
| 乔木 | 樟树、厚香皮、雀榕、茄苳、构树、苦楝、刺桐、罗汉松、无患子、白玉兰、蒲葵、侧柏、拐枣、榆树、椴树、朴树、桑树、女贞、盐肤木、无花果、黄连木、乌桕、圆柏、龙柏、紫杉、云杉、红松、柿树、鼠李 |
| 灌木 | 冬青、桃叶珊瑚、小檗、瑞香、枸子、梅、荚蒾、杨梅、扶桑、十大功劳、海桐、含笑、马樱丹、紫珠、金丝桃、火棘、山楂、紫荆、樱桃、卫矛、枸杞、构骨、酸枣、九里香、野花椒 |
| 藤蔓植物 | 丝瓜、炮仗花、九重葛、牵牛花、葡萄、爬山虎、野蔷薇、忍冬 |
| 草花及地被植物 | 狗尾草、狗牙根、石竹、四季草花 |

许多昆虫、鸟类喜爱以针叶树为栖息和食宿地，在保障安全的前提下，可用针叶树屏障林或其他绿篱取代住区内的围栏、墙体等硬质屏障，以吸引更多野生生物。

为防止水岸上的动物捕食鱼类，可在水边密植香蒲、水葱等挺水植物，使水岸动物无法触及水中的鱼。

配置小动物所喜爱的植物时，不仅要考虑小动物生长活动的需要，还应注意控制其种植密度并即时保洁，避免密集、杂乱的植物影响居民观赏小动物活动的视线和情绪。

2.5.3.4　吸引小动物的小品设施

为吸引小动物落户或停留在住区户外空间，可在住区内的适当场所设置一些特制的小品设施。如鸟浴池、鸟巢或小动物窝棚、喂食台等，都可能成为居民与小动物的交往平台。精心设计的小品设施不仅能为人与小动物交往提供方便，其本身也是住区的独特景观。

### 2.5.4　促进"人—动物"交往的住区景观设计

#### 2.5.4.1　接近和驻留的可能性

在步行路和场地设计中，帮助居民尽可能地接近没有危险性的住区动物。如果住区内设计有自然形态的可涉入式溪流水池，可在水中放养一些鱼、虾、蝌蚪之类的小型水生动物，结合汀步、平台的布局，使儿童能就近观察水中动物的活动。如果在溪水边上再放置一些可供坐靠的石块，孩子们每每可以在此与小生物玩耍数个小时。

图2–142　上海锦华花园：位于小区中心绿地的大鸟笼提供了喂养和观察小鸟的场所

在有些住区内，专门设置了方便居民观察和喂养小动物的区域，如沈阳奥林皮克花园设置了小动物喂养区，而上海的锦华花园则在住区绿地中设置了大型鸟笼（见图2–142）。既为热爱动物的居民提供了表达爱心的场所，又有利于住区景观环境的统一管理。如果能喂养一些小鸡、小鸭、小鹅、小兔等幼禽，住区儿童会非常乐意在此观察幼小生灵的逐渐生长过程，并与小动物们结交为朋友。

为美化夜晚景观，不少住区在水面或水中安装了灯具。适宜的灯具布置，可以使水中游鱼的景观别有风味，方便居民在夜间赏鱼。不过，水池的照度及照射方向应考虑为鱼类生活保留部分暗空间，使水中的鱼能正常生长活动。

#### 2.5.4.2　有引导作用的游戏设施

配合儿童观察动物的活动，还可在临近动物的区域布置沙池，鼓励儿童将目睹的小动物亲手捏制出来，进一步锻炼儿童的手脑并用能力。而儿童所仿制的小动物雕塑，也是住区内部极富情趣的一个人造景观。

如果在住区内不便安置沙池，也可在动物经常活动的区域旁摆设与这类动物相关的成品雕塑，既突出特定的动物主题，更能使儿童在比较实物和雕塑的过程中加深对动物特征的认识，并获得艺术创作的启蒙教育。

#### 2.5.4.3 特色的动物雕塑及景观小品

动物形象可以雕塑、饰物、图案、小品等形式纳入住区景观设计之中。在原始氏族聚居地，经常可以看到用动物形象制作的徽号或标志，也即是学术界所称的图腾（Totem）现象，这些因动物崇拜而生的图腾形象可以称为人类聚居场所最早的象征性景观。自此，在人类居住文化史上，动物形象不断以具体或抽象形态出现在古人的居所及庭院内，如木雕、砖雕、石雕、瓦饰、壁画、铺地等。

现代住区中，如果因条件有限而难以引入真实的特色动物，或不满足于引用常见动物，可以借助雕饰、小品等形式来传达对动物的喜爱，同时使居住环境更亲切、有趣，如图2-143~图2-145所示。古今中外有关动物的寓言及民间传说相当多，选取几例结合设计在住区雕塑及小品设施，可在增添住区环境趣味性的同时反映出景观设计的文化教育意义。不过，在现代城市住区的动物雕塑创作中，仍存在着一些值得注意的问题：

图2-143 上海万里城：海豚与孩童嬉戏的雕塑与住区景观设计风格并不相符，在入口处显得突兀

图2-144 上海佳佳花园：将人们喜爱的动物形象以雕塑形式表达出来，即使在景观设计简单的早期住区已相当普及

图2-145　上海丽水华庭：形态逼真的水牛雕塑使住区平添几分田园风情

（1）原创性缺失。现代城市住区中使用动物雕塑的实例不计其数，但能给人深刻印象的雕塑却非常之少。对于开发商而言，使用成品雕塑可节省大量造价，然而，当同一个动物雕塑被频繁复制到多个住区后，居民们只会对眼前缺乏原创性的雕塑视若无睹。

（2）“神”“气”不足。很多雕塑师都偏重于对动物形态及动作的精心刻画，却忽略了对动物精神、气度的观察和描绘。如果缺少对动物精神世界的理解，纵使雕塑作品的形态栩栩，该作品的表达也是不完善的。但如果雕塑师抓住了动物的神情和气质，即使是用极简的线条，也能达到入木三分的效果。如果住区的动物雕塑能帮助居民更深入地理解动物的精神世界，这对于促进“人—动物”的互动关系是大有裨益的（见图 2-146）。

位于深圳的万科金域蓝湾，结合水景、植栽和灯光设计精心布置了大量形态可爱的动物雕塑。这些雕塑的设计和制作都富有原创性和艺术感，不仅是住区儿童为之吸引，各个年龄阶段的居民都会时常停下脚步仔细观赏。这些动物雕塑取材于青蛙、鱼、飞鸟、天鹅、小象等，它们并非单纯作为雕塑存在于住区，而是与喷泉及其他景观形式密切配合。特别是静止的动物雕塑与动态水景的组合，因水的灵动使得雕塑生气勃勃，人们一旦进入住区，便随处可见这种独具特色的景观，并为其所渗透的强烈生活气息所感染（见图 2-147）。

图2-146　台北万华区华江雁鸭公园：几乎可以假乱真的雁鸭石雕
（图片来源：《台北城市公园之旅》，P80）

图2-147　深圳万科金域蓝湾：生动、可爱的动物原创雕塑，增添了住区的生活情趣

如今的住区景观建筑小品中，开始出现一些仿生学的作品，如形似蜘蛛的大型游戏玩具、模仿蜻蜓双翅的景观亭、铺成大乌龟模样的小品设施。有所取舍地对生物、特别是动物外形特征或内部结构加以学习、借鉴、并运用于住区景观空间设计，是用直观的方式表现对生灵的爱护和尊敬（见图 2–148 和图 2–149）。

图2–148　美国加州Westwind Park：由于临近有着180种鸟类的生态湿地，故住区内不忘用鸟造型树和彩色鸟屋提示居民与自然之物和平共处

图2–149　深圳西海明珠：形似爬行动物的小品设施是儿童喜爱的游戏场所

## 2.5.5　小动物传达的“生态和谐”信号对住户的积极影响

据载，“作为人类无止境的商业化和对利润的贪婪的后果，平均每天有 150 种动物和植物种类消亡。”[①]全球生态环境的恶化，导致人们所能接触的动植物种类大幅下降，人类变得越来越孤立，这同时也预示着人类自身的生存环境受到严重威胁。当饱经城市工

① 黄琲斐，《面向未来的城市规划和设计——可持续性城市规划和设计的理论及案例分析》，P29。

作和生活压力的人们通过外出度假、风景区旅游等形式寻找久违的自然生物时，他们也可以通过改善身边的生活环境和养护小动物等途径来营建居住生态家园。

当住区内的小动物数量及种类增加，并能保持良性生态平衡，即反映出住区内由大气、水质、土壤等构成的生态环境指标处于良好状态，这样的居住环境才能被称为宜居环境。正因如此，动植物种类及生长情况被很多国家确定为生态环境检测的一个指标。

当住区及相邻地区的生态条件有大幅改善后，有可能成为外来生物的荫庇所，甚至吸引一些野生小动物（如飞鸟、鱼类等）主动落户。尽管城市住区的开发密度很高，只要环境适宜，也能成为迎合多样生物生存的理想家园。

对于住户而言，当他们每天一步出家门，便能与那些生动、可爱的小动物轻松接触，这些有灵气的自然生物能很大地调动个人情绪，并增强人们亲近自然、热爱家园的感情。住区内自然生长的小动物如同“生态和谐”的信号，时时提醒生活在其中的居民爱护生物和尊重自然。

### 2.5.6 住区内的家养宠物

由于本书重在鼓励为住区公共空间增加可供全体住区居民观赏的、处于相对自然生存状态的小动物，而住户自家豢养的鸟、猫、狗等宠物与主人之间为从属关系。宠物靠主人喂养为生，主要供主人赏玩，即使当主人携带自家宠物在住区内散步时，邻近居民也不能随意亲近或欣赏。宠物与住区居民之间的交流是非常有限的，它们与居民之间的这种不等关系也非本书所倡导。不过，家养宠物的数量在住区内逐年增加，很多宠物也在住区外部空间活动，它们有时还成为居民们住区交谈的话题和住区交往的媒介，所以，这里仍将住区宠物作为住区公共空间小动物的一部分简要分析。

既然要将住区内的家养宠物作为促进“人—动物”交往的一部分，则需要对这些宠物的自身条件和活动状况有所要求。首先，在住区内活动的宠物应该是清洁、健康的，对身边的居民而言，它们不应是带有攻击性或危险性的物种；其次，宠物在住区活动时，应注意避免对住区景观环境造成不良影响。例如，对猫、狗等宠物的排泄物污染问题应严加管理（见图 2–150），宠物主人应随时用皮带约束或看管好自家有攻击性的动物；再则，当住区内某类宠物的数量较多时，可有意识地开展一些以此类宠物为主题的住区活动，较大的住区还可为这类宠物划出专门场地或道路，为有着相同爱好的居民提供赏识更多宠物品种和居民之间相互交流的理想场所。

图2–150　上海新梅共和城：为避免宠物排泄物污染住区环境而特设的垃圾袋发放装置区

# 第 3 章 开发商引导：在开发前期倡导和介入互动景观建设的理念

无论一个规划设计理念如何先进、有益，如果没有开发商的理解和支持，它就永远只能作为一种理论存在。只有当设计者和开发商之间确实沟通之后，才可能把互动景观建设的理念贯彻始末。尽管沟通的过程可能存在很多障碍，我们也可以看到有不少开明的开发商已在主动聆听来自不同领域的声音，并有意于通过与景观设计者的合作来提升开发项目的环境品质和人文精神。如果能尽量扩大友好合作所带来的正效益，和尽量缩减因利益冲突所产生的副作用，开发商完全可以成为互动景观的积极倡导者。

## 3.1 通过互动景观建设树立良好的开发形象

住区开发活动并不是简单地将一块空地填上各种实体，住区开发实际上是在为居民营造一种生活模式，所以，尽管每块住宅开发用地上都由建筑、道路、植物、山水等组成，其最终形成的住区氛围却是千差万别的。开发理念的不同，便是产生这些差异的根源。对于行业竞争日益激烈的地产开发而言，了解居住者的需求和社会发展是成功开发的重要前提。

在现代住房市场，消费者对住房这一高档产品的要求绝不仅是“住人的机器”，消费者在购房过程中日益看重的是产品的品质和该产品在使用功能之外所蕴涵的附加价值。如果开发商所创建的住房品牌信誉度较高，且该产品能赋予消费者更多精神上的愉悦和心理上的充实，消费者亦愿意为此解囊。特别是在住宅建筑产品趋同的地区，住区整体品质的高低将成为开发商在行业竞争中获胜的决定因素。

互动景观实际上源于一种倡导人文关怀、关心生态环境的景观设计理念，是住区景观环境的良性发展方向，也是形成健康、和谐的居住氛围的前提，它能极大地提升城市住区物质实体的附加价值。随着住房市场的成熟，对于有志于发展品牌经营和企业形象塑造的开发商而言，互动景观开发的理念有着不可低估的有形和无形价值。

当我们观察闻名于中国地产界的“万科”地产时，便能看出，“万科”之所以能长期保持优良业绩，与其所具备的先进的开发理念和品牌效益是密不可分的。在对万科所开发住区的走访过程中，许多居民都感动于住区和谐融洽的居住氛围，他们以生活在这样的住区为荣。居民们不仅向自己的亲友推荐万科，当自己在考虑二次置业时，也会将万科开发的地产项目作为首选，大大减少了楼盘的销售费用。例如，上海万科城市花园推出“优诗美地”和南块新区时，有40%的住房由城市花园东区的老业主购买，另外还有40%得益于推荐认购。在由万科建筑研究中心所著的《万科的作品》中，有这样一些朴素而耐人寻味的话语：

“一位业主在入住（成都）城市花园之后，每个周末，她的朋友都喜欢到这里来和她一起聚会，享受那迷人的谷地景观和动人的社区氛围。有时候她工作太累懒得回家，朋友却感叹道：‘你真是不会生活，浪费这么好的环境不去享受……’”①

“……有一位朋友，在原来的住所里试图和邻居交流的时候，总是遭遇怀疑和冷漠。……后来他入住城市花园，刚搬进来的第一天，就收到了邻居友善而热情的问候。……在城市花园里，人们享受人与人交流的乐趣，以及人与自然交流的乐趣。”②

万科的成功并非偶然，其关注人文、重视社区环境的开发理念为万科树立了良好的开发形象，使“万科”成为长期享誉中国地产界的典范。

## 3.2 开发商主动加入住区互动景观的建设工作

除了在思想认识上意识到住区互动景观建设的意义，更重要的是开发商确实、直接地加入这项活动之中。如果能将有关互动景观建设的内容列入开发计划或拟订为条款、制度，将为后续工作带来更多便利。

### 3.2.1 开发前期，了解待建住区的互动景观资源

#### 3.2.1.1 开发商与公众（居民）的交流，获取景观建设需求的直接信息

城市住区是具有相当公共性的场所，服务于公众利益也是开发商应尽的责任。同样，去了解居民意愿，以牟利、增加卖点为动机的交流和怀揣责任之心而进行的交流，两者在形式、内容和结果上是不同的，前者趋于肤浅、暂时，而后者是深入、长效的。虽然多数开发商仍是以“利”字当头，但社会的进步更需要有责任感的开发商通力合作。

在欧美许多发达国家，有法令要求开发商在开发前期召开公众听证会，要求开发商听取社区代表的意见。在我国，虽无法令要求，但开发商积极、主动地听取公众的需求，适时地组织公众参与活动，有助于及早认识住区开发可能出现的问题和提高开发商的公众形象。

#### 3.2.1.2 开发商认真、详尽的现场勘察，获取场地上可资利用的动、植物景观资源

当开发商认识到住区原有景观资源的重要性之后，会自觉地通过各种途径对场地上的动、植物加以保护。

对于场地上原有的植物，应予以分类统计，整理出可保留利用为住区景观元素的植株，

① 万科建筑研究中心.《万科的作品》，P233。

② 万科建筑研究中心.《万科的作品》，P233。

编号和登记其生长状况，便于工程竣工及交付使用后对照分析。

如果待建场地上现存河道、林地等，则其间很可能栖息着一些有益的小生物，如河流里的鱼虾、湿地里的水禽、树林中的飞鸟，可以被适当选择作为将来住区的特色物种。与居民相比，它们的“入住”时间更长，可谓新住区内的“老居民”。对于它们的生长状况，也需要有针对性地登记入册，以便于定时观察。

### 3.2.2　开发过程中，坚持、带动和监督互动景观建设

开发过程中，需要继续将互动景观建设的理念贯彻执行。不恰当的施工方式、建筑垃圾的乱置，都可能影响到保留动、植物的生存环境（土壤、河流等），或者直接伤及动、植物本身，所以，开发过程中还需教育和监督施工人员，确实保护住区原有的动、植物景观资源。

在城市住区中，有许多中、高密度住宅底层单元设有私家花园。这些花园虽归属业主个人，但花园的景色常常被往来的居民所共赏，从而成为住区景观的一部分。遗憾的是，由于生活方式、审美取向等的差异，这些私家花园的景观设计良莠不齐，有的过于简陋荒芜，有的则太繁复杂乱，更有一些喜欢标新立异的业主营建出形态、色彩与住区环境格格不入的花园景观。为保证住区景观的整体协调，开发商可以为将来的业主提供若干供选的参照方案；或者经过与业主的沟通，结合业主的个性化要求，在住宅开发的同时即兴建私家花园，使业主一经入住就能与花园的绿色为伴。无论是提供的参照方案还是定制的花园，都力求通过花草树木、景观小品、闲谈场地等的设计，引导业主从身边的花园开始，逐渐认识、亲近和爱护身边的植物、小动物，并能以友好、积极的心态开展社区交往。这一做法在不少低密度住区已有推广，如上海的万科兰乔圣菲、杭州的南都西湖高尔夫别墅区等，但如何为中、高密度住区的底层住户度身打造私家花园，还有待开发商的进一步工作。

### 3.2.3　开发后期，与物业管理合作，交接工作

开发后期的维护工作对保持互动景观的持续发展有重要意义，现代城市住区大多由专业的物业管理公司负责这部分工作。物业管理公司对原住区互动景观营建的理念必须有比较充分的理解，才能使互动性住区景观真正落到实处。所以，开发商与物业管理部门之间必须经过确实、认真的交流，才有可能保证住区建设的每一环节都朝着互动景观的方向努力。

## 3.3　公众支持和政府鼓励

住宅开发毕竟不同于公益性事业，许多开发商仍比较注重眼前利益而忽略住区建设的长效性。如果无利可图，这些开发商就不愿将资金和精力耗费在缺乏即时效应的景观建设中。所以，公众的支持，适宜的政策引导、鼓励和监督机制，是激励开发商致力于

互动景观活动的重要力量。

关于互动景观建设，虽然难以用政策或制度的形式去约束开发商参与，却完全可以利用大众媒体报道和支持开发商的这种开发理念。对于一些互动景观营造的先行者，政府可通过开发奖励或税收减免等措施给予扶持；针对住区互动景观建设的开发项目，可举办一些评比活动，使更多人关注住区景观建设中的“人—人”关系和“人—动植物”关系，通过促进对互动景观建设活动的社会共识，使走在前沿的开发商能扩大自己的社会影响力，而不是盲目甚至孤独的探索者。

# 第 4 章　居民行动：在使用期延续和深入互动景观建设的活动

## 4.1　居民行动对于住区互动景观营建的意义

居民是参与住区互动活动的主体，其住区参与活动的多少，直接决定了住区互动景观设计的成功与否。住区活动组织可以极大地调动居民社区参与行动的积极性，使居民更深入地了解身边的邻居，培养居民的社区归属感和居住大家庭一般的融洽氛围。当居民亲身参加和亲手参与住区内的活动，并为社区建设出力献策之后，他们会产生切实的主人翁感。

## 4.2　居民住区行动的组织原则

### 4.2.1　了解居民需求，选择活动内容

组织住区活动之前，必须通过访谈、问卷、专家评析等途径认识住区居民的基本构成、生活及户外活动习惯以及对互动景观营建的心理需求等，了解当时住区景观互动环境建设的成功之处和不足之处，以便于有的放矢地开展适合该住区的互动景观营建活动。

### 4.2.2　拟订行动计划

在产生关于开展住区互动活动的基本构想之后，需要将若干计划适当分类和统筹考虑。建立住区年度活动计划或分阶段活动计划，注意前后活动之间的联系和活动内容的丰富多样性，使居民能时时感受到居住社区的人文气息和蓬勃生机。

开展每一项具体活动之前，也需要针对该活动的每一个步骤做好详细计划。每一次活动的成功与否都会影响居民参与下一次活动的积极性和投入程度，所以，活动组织者不能忽略任何一次活动的前期准备工作。前期准备工作包括设立听取居民意见的活动联络人，预备活动所需的工具、材料和场地等，准备分配时间、工具、人力的工作清单，活动结束后的纪念、宣传工作等。

### 4.2.3　居民共同参与住区活动的决策进程

提高居民参与住区活动的积极性的途径，可始自活动策划期。居民应通过前期准备

工作会议或问卷投票等形式来参与活动的商议、组织过程，如果居民不能亲自参加此工作，至少通过住区公告牌、宣传栏、住区刊物、住区网站等信息发布方式，使所有的居民在活动正式开展之前了解该活动的准备情况，做好参加活动的心理准备和培养对该活动的兴趣。

### 4.2.4 保持轻松、调和的氛围

由于占居民较大比重的上班族平时并无足够闲暇时间加入住区活动，他们并不愿意在非工作日也面临紧张、严肃的气氛。所以，无论是定期的活动计划或不定期的即时行动，都需注意保持其轻松调和的基调，以不带强制性， 自愿活动为主，尽可能吸引更多住户参与，同时不对日常工作繁忙的居民造成无谓的压力。

## 4.3 促进住区内“人”、“动物”、“植物”互动的社区景观建设活动

### 4.3.1 社区互动活动分类

规划设计、建筑设计、室内设计、景观设计等，是兼具实用和艺术特征的行业，所以，专业设计者偏重其一的现象屡见不鲜。特别是在景观设计行业，无论业内、业外人士，有时会走入“重”视觉效果而“轻”实用功能的误区。景观的优美度、艺术性固然是评价住区景观设计的重要因素，但如果缺少生活在其中的居民的活动，住区景观便失去了其存在的最重要的价值。作为居民户外活动的背景，缺少人（群）活动的住区景观是苍白的；反之，如果有住区居民的积极参与活动，即使是平淡乏味的住区环境也会变得生动而充满情趣，居民的活动即是令人瞩目的社区景观（见图 4–1）。

图4–1 上海棉纺新村：居民自发的评弹表演活动

根据互动活动的主客体特征，可将社区活动分为三类：主要用于促进“人—人”互动的社区活动，简称“P–P”（People vs. People）互动；除了能促进“人—人”交往，也有助于“人—植物”互动的社区活动，简称“P–Fl”（People vs. Flora）互动；除了能促进“人—人”交往，也有助于“人—动物”互动的社区活动简称“P–Fa”（People vs. Fauna）互动。这三类活动的内容可参考表4–1。

促进互动景观形成的社区活动分类及内容 表4–1

| 编号 | 活动分类 | 活动内容 |
|---|---|---|
| ①<br>P–P | 主要用于促进“人—人”互动的社区活动 | 社区老人节、少儿风采节（儿童节）、中秋赏月、社区音乐会、社区运动会、社区摄影展（赛）、社区美食会、社区二手市场、读书会、老年学习班 |
| ②<br>P–Fl | 除了能促进“人—人”交往，也有助于“人—植物”互动的社区活动 | 植树活动、家庭花卉展（赛）、除草、植物养护、植物领养活动、插花班、落叶堆肥活动 |
| ③<br>P–Fa | 除了能促进“人—人”交往，也有助于“人—动物”互动的社区活动 | 养鱼、喂虾、制作和钉挂鸟巢、生态教育知识讲座 |

其中，① P–P互动活动，从一定程度上讲属社会学范畴，不在本书范围之内，这里只针对与景观建设关联较密切的内容加以阐述。另外，也将对② P–Fl互动和③ P–Fa互动加以分析。

## 4.3.2 促进“人—人”互动的活动

现代城市住区的居民构成复杂，不同居民之间的行为差异可能非常大，也对社区活动的选择和组织带来不便。但是，在众多的侯选住区中，不同质的居民既然选中了同一住区作为自己的栖居地，也说明他们在经济实力、生活品位等方面可能存在相似性。现代住区这种混合的、多元的、小同质大复合的人群构成，对于保证住区持久的活力具有重要意义，也为住区丰富多样的互动活动设定了基础。

有效的社区互动活动，可以增强社区归属感、培养居民之间的情感和加深居民对所在住区的认识。如果住区的规模较小，也可突破封闭围墙的束缚，经相邻或相关的一些住区联合活动，由小型“住区”的互动范围拓展到更大领域，臻至大“社区”、大“区域”睦邻友好、和乐融融的场面。当然，要达到这样的状态绝非易事，但它也是社区互动活动的理想境界。

### 4.3.2.1 认识社区的活动

认识自己居住的社区，了解有关社区的基本信息，是培养居民主人翁意识和加入互动活动的起点。事实上，对大多数居民而言，即使在某住区生活了多年，也未必了解该住区的基本概况，如住区面积、户数、常住人口数量等，更不用说住区内部活动场地的大小及分布情况、居住人口的年龄分布特征、家庭构成特征、现有动植物的分布及构成等。

如果住区的物管公司、业委会或居委会能主动调查和了解这些基本信息，并将这些信息通过媒体、宣传栏、内部刊物、网络等形式公布于众，并非难事，对于居民而言，则是认识社区的原点。

当然，仅仅使居民了解社区概况并不是主要目的，伴随着社区基本信息的公布，还应使居民了解现有居住环境的优势和不足，特别是针对互动景观建设活动的有利条件和薄弱层面加以剖析，培养居民的集体荣誉感和危机感，为下一步因势利导地展开互动景观建设活动设下铺垫。开展这一工作时，可以将其他住区的相关信息作为参照，也可结合本书第 5 章所介绍的指标及评分情况，一并公示居民。

4.3.2.2　珍视社区宝贵景观资源的活动

在我国的城市住区中，不少住区的基地上或基地附近存在可贵的景观资源，如几十年甚至几百年的古树、有文化研究价值的古建园林、调节小生态环境的湖塘水系等。但遗憾的是，当我们询问起与这些景观资源为邻的居民时，却发现他们对自己朝夕相处的这些“宝物”置若罔闻或对有关这些景观资源的知识一知半解。

与这种现象相对，当笔者在日本等一些发达国家的居住街巷寻找某处历史景点时，却每每惊诧于一些孩童对于当地的历史文化相当的了解，他们不仅知道街区里的知名史迹，即使是一些不起眼的宅院或树木，他们也能将自豪地向询问者娓娓叙述其特色所在。在进一步了解后，得知日本各地都非常重视地方的风土人情和文化景观资源，一些民间或官方组织经常组织诸如“关爱自己的街区”、“认识自己的社区”等具有地区特色的活动及展览，使孩子们从小了解自己的居住地景观特色，并因此建立了共同话题。而在相互交流和对共同历史的发掘过程中，居民对社区景观的兴趣和感情也更为浓厚（见图 4-2）。

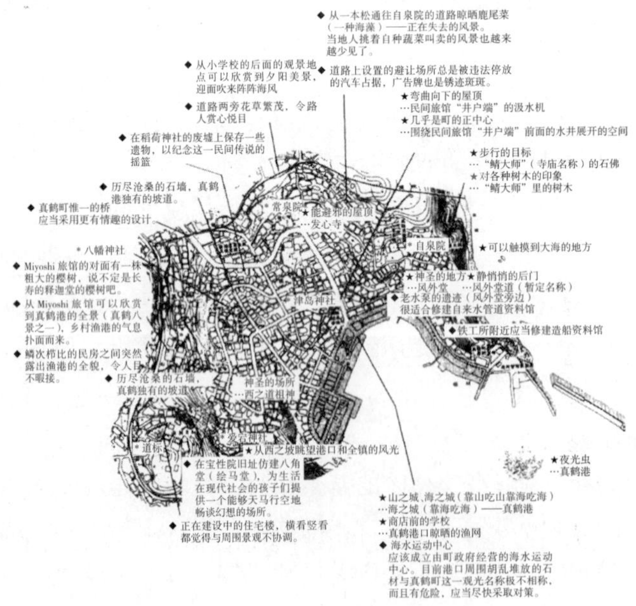


图4-2　日本真鹤町环境诊断书

注：在真鹤町发现团报告书中，居民从不同角度发掘到住区的景观资源，这里列举相关内容如下：

（1）Miyoshi 旅馆的对面有一株粗大的樱树，说不定是长寿的释迦堂的樱树吧。

（2）在宝性院旧址仿建八角堂（绘马堂），为生活在现代社会的孩子们提供一个能够天马行空地畅谈幻想的场所。

（3）道路两旁花草繁茂，令路人赏心悦目。

（4）对各种树木的印象……“鲭大师”里的树木[①]

我国的许多城市并不缺少景观资源，但却相当缺少对这些资源的认识，如能结合发现和认识社区景观的活动来促进居民交流，也有益于培养居民的社区自豪感和归属感。事实上，探索社区历史和发现社区景观资源并不是活动的主要目的，更重要的是促使更多的居民关心社区景观，并据此提出关于社区景观改造的有益建议，将宝贵的景观资源与现代文化艺术和居住生活相结合，以融入社区生活的纪念性景观来提升社区人文素质和促进居民互动（见图 4–3）。

图4–3　天津万科水晶城：原玻璃厂的铁轨、大门、玻璃均被作为景观设计的一部分，住区历史及其人文品质成为促进居民互动的因素

遗憾的是，在住区景观规划设计之初，有些参与项目的设计者都不曾用心去探寻、分析住区所在地原有的景观资源，而是通过大量的后期人造景观来迎合市场。如果专业的设计者都无法提炼和珍重住区的景观资源、甚至肆意损坏其原有资源，必然对普通的居民造成误导，也不利于珍视住区景观资源活动的开展；当然，如果在开展这类活动时能邀请有保护意识的景观工作者共同参与，他们往往能帮助居民寻找到更多的、或被多数人所忽略的景观特色，从而使社区活动达到事半功倍的效果。而对于那些确实缺乏景

① 图片摘自（日）浅见泰司.《居住环境评价方法与理论》，P233。

观资源的地区，专业的景观工作者也可以提出建议，为住区乃至地区创造将来可成为景观文化遗产的资源。

4.3.2.3 晨练活动

早晨是住区居民户外活动最多的时段之一，而且随着人们健康意识的增强，越来越多的居民都愿意早起晨练。特别是习惯早睡早起的老人，更是将这一时段作为每日生活的重要组成部分。通过晨练活动，有相同运动喜好的居民很容易相互结识和交往。

晨练活动的内容非常丰富，可根据当地及住区居民的爱好和住区自身环境条件，选择适宜的活动项目。其中，参加跑步、散步、游泳、网球等活动以独自或与亲友共同行动居多，而某些需要有专业人士引领的项目则更能带动多数人的集体参与活动，如健身操、气功、国际标准舞等活动，都是很受大众欢迎的项目。

4.3.2.4 文体节庆活动

面向住区内全体居民开展的集体节庆活动，可以使居民们在更大范围内相互结识。住区内的节庆活动包括住区运动会（业主篮球联赛，社区运动会）、社区老人节、少儿风采节（儿童节）、中秋赏月、社区音乐会（例如日本 Aquaforesta Rune 稻毛小区盂盆节）、社区摄影展（赛）、社区美食会、社区二手市场等，经过良好组织的住区文体节庆活动能扩大居民在住区内的社交圈，极大调动居民的社区意识，其本身也构筑了住区和睦亲善的人文景观（见图 4–4 和图 4–5）。

4.3.2.5 社区清洁活动

现代的城市住区大多由专门的物业管理公司组织人员负责住区的清洁工作，所以很多居民无法理解和接受自己动手清洁居住环境的活动。虽然活动的组织有一定难度，但这一活动的意义却不仅仅在于美化住区的景观环境，通过这样的集体动手劳动，能够带动居民的社区参与意识和集体归属感，增强居民对住区景观环境的保护意识。这项活动的难点在于突破许多人“以劳动为耻”的潜在心理，如果能通过教育、宣传工作，使居民能以“教育子女”、“结识邻里”、“调节心情”、“共洁家园”等态度看待活动，是不难动员居民加入的。

社区清洁活动的内容可以是对户外空间的全面清扫，也可以针对住区实情专门清洁硬质场地、绿化园地或水池。例如，日本 Aquaforesta Rune 稻毛小区每月组织清扫生态池的活动，参加人员不定。人们从池塘中除去落叶和其他杂物，防止腐烂树叶及他物污染水体，通过这样的过程，公众的环境意识和社区归属感均得以提高。

社区清洁活动的频率不必很高，可以一年一次，甚至配合其他活动多年一次，活动日也不必长，只需利用一个休息日即可。如果居住密度高，社区户外场地有限，可每次由一个楼群或一个组团的居民参加。在社区清洁劳动完成后，再组织一些娱乐活动以“庆功”，同时配合一些社区媒体（如社区刊物、社区电台、社区网站等）展示清洁活动的场面及清洁前后环境的变化，使更多居民了解活动的意义，当居民体会到“互助合作”的快乐后，更有利于今后社区活动的进一步开展。

图4-4　日本Aquaforesta Rune稻毛小区：住区盂盆节、住区二手市场活动、住区晚会演出等活动极大地丰富了社区生活，使居民们在愉快地活动过程中加深感情

图4-5　上海嘉茵苑：为儿童组织的社区运动会形式轻松，既丰富了孩子们的暑期生活，又帮助他们结识新朋友

### 4.3.3 促进“人—植物”互动的社区活动

根据对居民的走访及问卷调查，多数居民都很喜爱住区内的植物，但所能辨认的植物类别及其所掌握的植物知识却非常有限。针对这一情况，可在居民中开展各种与植物相关的活动，如“花卉栽培和学习小组”、“植树活动节”、“社区绿化知识讲座”、“插花班”、“家庭盆景（花）展”等，使居民在共同的兴趣驱使下、在共同探讨养花经验的交流中逐渐熟识。特别是对于配备有植物温室的住区，更可利用现成的场地资源展开此类活动。

住区居民不仅可以参与公共绿地中的植物种植，还能加入植物养护工作，如为树木刷上保护树干的白粉、绑扎越冬草绳、检查虫害、刈割杂草等，以身体力行的活动增强自己和带动他人对于住区的情感。在不少住区还开展了领养植物的活动，进一步加深居民对于住区植物的感情，促使更多居民关注和爱护身边的一草一木。当自己关爱的树木长势喜人或开花结果时，居民们也愉悦地享受着大自然的回报，如图 4-6 和图 4-7 所示。

图4-6 上海康乐小区：金桂根部的标志牌上赫然注明领养人的姓名

图4-7 上海绿城：住区内随处可见的宣传条幅——“春季花卉展暨树木认养活动即将推出”

在秋季树木落叶时分，可组织居民参加落叶堆肥活动，鼓励居民将落叶收纳于专门收集落叶的堆肥桶中，再经密封、保温、发酵等过程，约 3 个月时间即可转化为天然肥料。该活动可增强居民的环境保护意识，同时减少住区的垃圾量，是经济有效的植物资源回收利用方式。

除了常见的、针对住区绿地的养护活动之外，还可以结合现在逐渐盛行的住区生态池建设开展“人—植物”互动活动。为保持水池生态系统的健康，需要不时地对水生植物进行观察、监控、养护或替换。当发现水池出现藻类富营养化时，可组织居民增植一些浮水植物，遮挡阳光以抑制藻类生长；或者在水池底部间植沉水植物或喜氧植物，通过与藻类植物竞争消耗营养物质，达到控制藻类繁殖的目的。

### 4.3.4 促进“人—动物”互动的社区活动

#### 4.3.4.1 “人—动物”即时互动活动

在住区内开展“人—动物”互动活动并不困难，特别是对于住区内的儿童而言，“养鱼”、“喂虾”、制作或钉挂鸟巢等活动，都是他们所热衷的与小动物交往的方式之一。当儿童看到鱼虾食用自己亲手投放的食物，或小鸟入住自己亲手为其安置的“家”时，他们对住区的情感会更加深厚，并由此带动住区居民整体对身边小动物的关注，在住区中体会到人与自然和谐共生的亲睦情境。

#### 4.3.4.2 教育和指导

面向居民开展有关住区小动物知识的教育和指导也是促使“人—动物”互动活动所必要的，而且这种教育可以在居民入住前即行实施，使部分居民尽快成为社区一员，并成为带动后续业主参与社区“人—动物”互动活动的主力人员。教育活动的讲解者可以是特意聘请的专家，也可以是社区内部热心的动物爱好者。

讲解的内容视住区实际情况而定，如果住区内有生态水池，讲解内容则围绕水池内及池岸的生态群落及其生活习性展开，借助图示、模型或多媒体，使居民能够比较清楚地认识到生态群落的生存要素，并对生态池内的动物数量、生存情况定时记录，保证生态水池内的小动物能与移居至此的居民一同健康成长；如果住区内有蝴蝶谷、蜻蜓园、萤火虫园地，则可以有针对性地讲解有关昆虫的生态特征和生存条件；如果住区内有鱼池，则可以组织住区居民自己投放鱼苗，并讲解有关这些鱼类的饲养常识，使从鱼苗出现在住区的第一时间就得到居民关注。

对于一些热心关爱小动物的居民而言，还需要教育他们减少对小动物自然生长状态的破坏，不提倡特意为鸟、松鼠等野生物种喂食，避免因人工干涉过多而影响小动物的自然天性。另一方面，对于有些居民向住区水体或绿化中投放鱼、龟、猫等行为，也要加以管理和教育，防止对住区生态平衡及景观环境的破坏。

#### 4.3.4.3 定期活动

当社区内有不少居民对住区内生长的小动物有基本认识，并萌发兴趣之后，即可结成生态池俱乐部、昆虫俱乐部等，开展有组织的、但参加人员不固定的定期活动，如知识讲座、清扫生态水池、整理昆虫园地等，通过集体活动和持续宣传来进一步扩展“人—动物”互动活动在社区内的影响力。

### 4.3.5 促进社区互动景观建设活动的媒介

除了通过社区活动促使居民与居民之间、居民与社区动植物之间的直接互动之外，还可利用大众传播媒介来扩展和加深社区的互动景观建设。社区宣传栏、社区刊物、社区广播、社区电视、社区网站等，都可以成为联系素不相识的居民的桥梁。健全、即时的社区局域网络或业主论坛、留言板、讨论区、电子邮件等形式，既有助于宣传和展示住区内部活动或社区联合活动的相关信息，也为许多彼此陌生的居民提供了交流、结识的平台。当然，社区网络并不一定局限于内部开放，可建立“社区外”的链接，支持外界人士参与分享住区互动景观建设的成果并提出有益意见，或者鼓励几个住区之间相互交流经验、协同发展。

通过社区网络及大众传播媒介，可以吸引更多的居民加入到“人—人”互动、“人—动植物”活动的行列中，当居民的主人翁意识加强之后，社区归属感也即应运而生。值得报道的事物可以是特定时期的社区活动，也可以是日常出现于社区的好人好事。另外，针对住区景观环境的内容或提议也很具有参考价值。例如，当居民抱怨雨天路滑时，说明设计师在选择铺地材料时疏漏了其防滑性；如果居民反映住区内业主停车占用车道或公共绿地，则说明住区对停车空间的考虑不周，需要在后期管理中合理引导；当居民陈述住区内的绿化被破坏或某些植物生长不佳时，有助于专业人员及时予以养护。

# 第 5 章　住区互动景观分析评价及使用信息回馈

在我国居住区建设早期，对住区环境的评价侧重于保证居民的基本生存需求，沿用了世界卫生组织 1961 年提出的“安全”（Safety）、“健康”（Health）、“便捷”（Efficiency）、“舒适”（Comfort）的四大标准。

随着城市住区建设开发活动的升温和成熟，这种初级层次的评价标准已不能满足现代住区发展的需要，特别是在 1996 年联合国第二届人类住区大会及《伊斯坦布尔人居宣言》发布后，住区的可持续发展问题成为人们关注焦点，同时也开始影响呈现出多姿多彩的图像的城市住区景观建设活动，住房和城乡建设部住宅产业化促进中心与同济大学建筑与城市规划学院风景科学研究所合作编制的《居住区环境景观设计导则》的“总则”中，将社会性原则、经济性原则、生态原则、地域性原则、历史性原则列为居住区环境景观设计应坚持的主要原则。

但是，对于开发商和设计者而言，大多将注意力集中在易于掌控的景观硬件设施配置方面，他们往往为构想独特的住区景观而“挖空心思”、“苦心经营”，大有“景不惊人死不休”的精神，而将“社会性”、“生态性”、“可持续发展”等标准笼统虚化。虽然在上海等城市有针对住区景观环境的评选活动，但大多是依靠专家及相关人士的意见加以综合，并未形成可资借鉴的、较为客观的标准体系。所以，现有的住区景观评选活动仍偏重于个人对住区景观物质实体建设方面的感受，而缺少对住区景观建设具有促进住区社会和生态互动活动等方面的理解。即使有开明的开发商和设计者有心创造适宜居民生活的互动景观，也难以找到可资参照的衡量标准。因此，景观评价指标体系的缺失制约了住区景观环境的均衡发展，为了创建硬体设施和软体环境俱佳的宜居环境，使住区景观环境真正促进“人—人”、“人—动物”、“人—植物”的互动关系，住区互动景观评价指标体系的建立必不可缺。

对于居住区景观环境的专门性评价，在国内外尚未发现可资借鉴的成文标准。在欧美和日本等一些发达国家，出现过针对“居住区环境”的评价，早期的评价出现于 20 世纪 30 年代的美国，针对公共卫生条件差的贫民窟居住环境，开发了比较体系化的评价方法；20 世纪 60 年代，美国公共卫生协会居住卫生委员会提出“健康居住的基本原则”，即防灾、环境卫生、舒适性、疾病防治、精神满足、经济满足等原则；结合当今城市的居住问题，日本东京大学的浅见泰司教授（Professor ASAMI Yasushi）撰写了《居住环境——评价方法与理论》，从社会和环境问题的角度归纳和总结了居住环境的指标体系。不难发现，已有论著大都以社会学者或环境学者的角度出发，侧重于对宏观居住环境的健康性、安全性、便捷性、舒适性等问题进行分析评价。

再审视国内有关居住区的研究情况，尚未发现针对整体居住环境的评估工作，更难找到针对住区景观进行评价的专门研究。所能找到的评估对象多偏重于住宅建筑及其节能、环保性能，如《中国生态住宅技术评估手册》（2001年）、《绿色建筑规划设计导则和评估体系》、《生态住宅评估导则》、《香港地区建筑环境评估法》（HK-BEAM）、《台湾绿建筑解说与评估手册》等，在这类评估指标体系中，大量篇幅用以评估建筑是否环保优先、生态、低能耗，而对住区环境言之甚少。至多将“小区环境规划设计”列为若干评估子项中的一项，即使这样的子项中还有不少内容与住区景观建设无直接联系。而在作为建设部重点科研项目的“城镇规模住区人居环境评价体系研究”及试行的指标体系中，仍然是从大框架上制定有关住区生态和物理环境标准，其技术评价主题及内容中缺少有关住区景观建设内容的系统研究。

由此看来，关于居住区景观环境评价无论在国内、国外均尚嫌生涩，而针对互动景观环境的评价更是无人问津。互动景观环境的标准化、体系化应是住区景观建设相对成熟发展后的产物，但我国的住区互动景观环境营造工作尚属起步阶段，同时，社区互动景观建设又存在很多不适于定量化的要素，所以，住区互动景观评价指标体系的建立并非须臾之功。考虑到这一指标体系的建立对于推动我国住区互动景观的建设可能具有的重要意义，笔者仍尽所能地多方探求，并粗略构想了适于我国城市住区的互动景观评价体系，这部分内容亟需在后续工作中进一步考证和完善。

## 5.1 住区互动景观分析评价的发起者：开发商、政府、规划设计者

了解居民对住区景观环境的需求意向，对“互动性”景观规划设计方法的需求度和评价充分利用这些有效资源，可以使相关工作人员和设计者更清楚居民意愿，了解自己在工作中的疏漏或误区。其中，规划设计者、开发商和政府管理部门为关注住区景观评价的主要群体。

### 5.1.1 景观规划设计者

为住区景观绘制蓝图的规划设计者，需要在景观构思的同时考虑使用者的潜在需要，以带有前瞻性的眼光，引导住区向健康、和谐、生态的目标发展，而不是将居民未来的家园作为表现个人想象空间的实验地，导致盲从潮流、华而不实的住区景观反复出现于全国各地。如果能建立一套比较完善的住区景观评价指标体系，有助于景观规划设计者更全面、更细致地构思未来居住者的理想家园。

在我国，大量的景观规划设计者也在同时进行景观规划设计研究的工作。这部分设计者也可以作为景观评价的主体（参见第5.2.2节），担当起景观评价专业人士的角色。

### 5.1.2　住区开发商

对市场需求极为敏感的开发商，自然不会忽略住区建设活动中已经出现的或可能出现的任何新动向。他们一方面从有关专家的分析论证中寻找下一个景观卖点，另一方面在自发开展市场调查工作。他们注重体察民意，甚至还自行组织了一些兼顾宣传教育和实际用途的公众参与活动，成为推动我国住区建设中的“开发商—居民”互动活动的最初示范。

### 5.1.3　政府管理部门

政府管理部门既需维护使用者的切身利益，又要保证开发商的利润空间，通过政府的宏观调控，提倡社会公平。政府管理部门需及时对评价信息以审视、分析和反馈，制订相应的调控政策，引导住区景观建设的健康发展。建设部在 2005 年出版了《居住区环境景观规划设计导则》，即是对住区景观规范化建设的引导性提议。当前，我国对于城市住区景观的评价体系并未有专门性研究，城市住区的景观建设仍处于较为随意、无序的状态。如果政府的行政管理机关能制定了一系列比较易于明确具体的住区景观评价指标体系，不仅为住宅的开发提供了参照目标，也有利于我国城市房地产市场的成熟和规范化。从更深层次看，住区互动景观评价体系的建立也可帮助政府为“和谐社会”的创建制定政策措施，以激励、督促、甚至带动城市互动性景观的建设。

## 5.2　住区互动景观分析评价的主体：居民和专业人士

### 5.2.1　居民

作为住区互动景观的直接参与者，居民的意见在住区互动景观评价中具有相当分量，而居民的意愿和利益则是住区景观建设的重要考虑因素。

事实上，随着国家计划建房向房地产市场化的过渡，住宅房地产开发商也越来越注重“公众”意愿，这对于刺激和推动公众参与意识起到一定作用。尽管由于历史传统及体制建设等方面的影响，我国的住区公众参与活动的自主作用仍显不足，尤其表现在对住区事务的冷漠上。所以，通过居民参与住区景观评价工作，对提高居民的自主意识有直接推进作用。

当居民了解了有关住区互动景观评价的指标之后，从客观上也提升了他们的社区意识以及对住区景观建设的个人认识，当作为消费者的居民开始自发关注住区的互动景观建设之后，必然会促使城市住区的开发建设者们投入更多热情于互动景观的建设。在未来的房产开发行动中，居民就有可能将符合自己需求的景观评价指标列为选择住宅的衡量基准。

### 5.2.2 专业人士

住区互动景观评价是一项含有一定专业技术含量的工作，对于普通居民而言，他们对于住区互动景观的理解有限，也无意投入太多精力和时间，所以，需要由具有专业知识背景的景观行业人士共同完成此项工作。特别是在我国城市住区互动景观评价体系尚不成熟的时期，更需要由专业人士积极发挥其能动作用。

## 5.3 住区互动景观分析评价的特点

当前，景观专业人士关于景观评价的成果及论著不少，但其工作对象主要针对风景区、国家公园、乡村等自然景观地，其分析内容与城市住区的互动景观评价存在很大区别。

### 5.3.1 实体特征的区别

城市住区的景观建设多数并非原生的，具有明显的人工建造痕迹。而且，与占地空间规模大、原生自然景观丰富的风景地相比，城市单个住区的规模非常小，人均景观空间的比例相当小，城市景观丰富性和生态多样性方面都大为逊色于前者，而景观容量则往往远超出风景地。

### 5.3.2 时序及评估目的区别

风景区景观评估大多发生在对景区开发、保护之前，其目的在于认识、保护和恢复已有的良好景观资源，通过规划、整治工作将可能产生或者已经产生的破坏因素减至最小。

城市住区景观的评估分为住区建设前的现状景观评价和住区建成后的使用期景观评价，而两个时期的景观构成及评价结果，可能因中间大规模、高密度的住宅建设工程而大相径庭。如果城市住区的现状景观条件较为贫乏，则景观建设后会出现多项评价指数上升的现象；但也有不少住区原有景观质量较好而未妥善利用，导致建成后多项评价指数下降。所以，居住区建设前后景观评价成果的对照，一方面可以作为衡量住区景观建设优劣的直接标准，另一方面也为后续住区景观建设提供了导向性的发展参量。除少量带原生景观资源的住区外，多数城市住区的互动景观评价都发生在住区建设竣工之后。

### 5.3.3 评估重点的区别

风景景观评价着重在于实体特征的分析，如美国国土管理局提出了 7 个要素：地貌、植被、水体、色彩、邻近风景、奇特性、人文景观，并对每个要素分级加权评分。

城市住区互动景观评价的重点在于人与人及其他生物的互动关系，属变化、复杂的非实体性特征。类似于在欧洲和北美开展的使用状况评价（Post Occupancy Evaluation,

POE)，其评价方法“更多地基于功能和用途，而不单单是美学”①。也即是说，住区互动景观评价关注的是人与住区景观形式和景观元素之间的相互作用。

## 5.4　住区互动景观分析评价的方法及内容

关于风景地及城市景区的评价，常常被认为是主观性较强的工作。为了使其景观评价更加科学、客观，有必要为相关评价内容分类设定标准，即常用的分类记录表法（Descriptive Inventories）；在沿用专业标准的同时，也应重视公众（特别是居民）的非专业性评价意见，综合、全面地权衡各方居民的评价信息，有利于住区的景观设计朝向更具社会性、更适宜人居的方向发展，即民意调查与问卷法（Survey and Questionaries）；另外，还有认知评判法（Perceptional Preference Assessments），但使用照片图纸的做法难以反映使用者的切身感受，故不宜用于注重实效的城市住区景观评价。

由于篇幅及条件所限，本书主要对适用于专业人员的分类记录表法和适用于非专业人员的调查与问卷法予以重点论述。其中，专业人员的分类记录法相对客观，其中有很多指标是偏向于实体环境状况的量化指标，但同时也存在比较主观的评判指标，需要景观行业的专业人士经过与住区一段时间较为全面的接触后，根据个人的实践体会和专业经验来评分；而适用于非专业人员的调查与问卷法则主观性更强，其结果取决于被调查者基于直觉的心理感受。

### 5.4.1　适用于专业人员的分类记录法

由于实体特征、评估目的、评估重点等方面的差异，城市住区互动景观的评价方法不同于专门的风景区景观评析。根据前文所述我国城市住区景观建设的特征和互动景观的建设要点，也需要提出相宜相称的景观评价要素及策略。这里主要从以下四个方面对城市住区互动景观进行分析评价：“人”、“动物”、“植物”的基础生存需求；住区景观的“人—人”互动性；住区景观的“人—动物”互动性；住区景观的“人—植物”互动性。

在确定评估指标时，适宜选择易于理解、客观、定量化的项目。但由于有关景观的评价本身存在很大的主观成分，且许多的评价项目自身也存在许多不确定因素，需要专业人员经过敏锐细致的考察和查阅相关资料才能完成，这样的评估工作实际上存在相当的难度。所以，本书中有关评估指标体系的确立仅仅是笔者配合住区景观互动理论的粗略构想，如果要使其具有更强的可操作性，还需要对住区景观评价体系进行深入细分和专门性论证，这将是一项庞大、耗时、但意义非常的工作。

根据各项指标在评价体系中的重要性，各指标的评分值也有差别，分为 3 个分值、2 个分值和 1 个分值，并根据各指标的自身特点有 0 分值或负分值的出现。这里，假设每 1 分值对互动景观评价具有相同意义，但在对于评分值加以整合的实践中，这样的假设

① 克莱尔・库珀・马库斯和卡罗琳・弗朗西斯.《人性场所——城市开放空间设计导则》，第 322 页。

难免简单化和理想化。这种将各项指标统一标准化的做法，虽不够缜密，但对于互动景观评价的初期工作而言有一定的引导意义。

5.4.1.1 满足“人”、“动物”、“植物”基础生存需求的景观物理环境评估

住区景观建设应为住区内的“人”、“动物”、“植物”提供健康、安全、宜居的生态环境。对于城市住区场地而言，景观建设前后的生态环境可能发生很大变化，特别是对于一些重要、大规模的建设项目，有必要进行生态环境影响评价，以最大限度地提升居住区环境的生态质量。从人们朝夕相处的居住区环境入手，提升人们对于生物多样性的认识，为住区内“人”、“动物”、“植物”的生存提供良好、安定的生息环境（Biotope）（见表 5–1）。

景观物理环境（小气候环境）评估表　　表 5–1

| 项目 | | 评分 | 备注 |
|---|---|---|---|
| 总体生态环境 | 毗邻地区的用地条件对住区生态环境的影响（绿地、水域、厂矿、居住等用地的正面 / 负面影响） | –2，–1，1，1 | |
| | 是否对场地中原有自然水体及山石景观以保留利用和综合设计，场地地形地貌是否有利于人及动植物生长 | –1，0，1 | |
| | 场地的日照、通风、温度、湿度等小气候条件是否有利于人及动植物生长，生物的生息状况是否良好 | –2，–1，1，2 | |
| | 住区生物（人—动物—植物）之间是否存在良好的生态关系（良性生态循环） | –1，0，1 | |
| | 住区公共绿地指标是否满足：组团级 ≥ 0.5$m^2$/ 人；小区（含组团）≥ 1$m^2$ / 人；居住区（含小区或组团）≥ 1.5$m^2$/ 人。住区绿地率是否满足：新区建设 ≥ 30%；旧区改造 ≥ 25% | 1，2 | |
| | 是否设置垃圾收集装置，或推广垃圾无毒处理方式，以防止垃圾及卫生设备气味的排放，垃圾容器外观色彩及标志是否符合分类收集要求 | 1，2 | |
| | 住区内水体的水质是否良好、洁净 | –2，–1，1，2 | |
| | 住区内土壤及地下水是否受污染或毒害物质（如化工溶剂、重金属等）超标，从而阻碍植物及动物健康生长 | –2，–1，0，1，2 | |
| | 住区生态水池或溪流的宽度（1~2m）和水深（一般为 0.3~1m）是否适宜所选动植物生长 | 0，1 | |
| | 住区内部是否设置适合动植物生长的生态水池，生态水池内是否种养多种观赏鱼虫和习水性植物（如鱼草、芦苇、荷花、莲花等）以营造动物和植物互生互养的生态环境 | 0，1，2，3 | |
| | 选择硬质材料时是否考虑光反射及眩光问题，小品设施设计时是否避免采用大面积金属、玻璃等高反射性材料 | –1，1 | |
| | 照明设计是否柔和温馨，是否能满足人、动物、植物生长活动的基本照度要求 | –1，0，1 | |

### 5.4.1.2　住区景观的“人—人”互动性

住区景观应为居民提供适宜的户外活动环境，促进社区交往。评价住区景观对“人—人”互动关系的促进作用，可以从住区活动场所的充分程度、景观空间的便捷度、可达性等方面来考虑（见表 5 –2）。

住区景观的“人—人”互动性评估表　　表 5–2

| 项　目 | | 评分 | 备注 |
|---|---|---|---|
| 总体环境 | 住区周边景观建设所营造的生活氛围是否浓厚、和睦 | 0，1 | |
| | 住区规划设计是否考虑到景观的系统性和均好性 | –2，–1，1，2 | |
| | 住区空地率是否适宜（≤ 30%，31%~39%，40%~49%，50%~59%，≥ 60%） | –2，–1，0，1，2 | |
| | 住区特定活动区域是否有色彩设计，配色是否适宜社区活动的气氛和整体景观风格 | –1，1 | |
| | 住区内部的整体空间塑造是否开放有致，兼顾社区动态和静态活动的进行 | –1，1 | |
| | 是否利用住区水景组织来营造充满活力的居住氛围 | 0，1 | |
| 住区景观建设对居民户外活动的吸引力（安全、舒适、卫生、优美） | 住区户外活动空间是否光线充足，住区公共绿地是否有 >1/3 面积在标准日照阴影范围之外 | 0，1 | |
| | 住区内通风条件是否适宜，是否结合南北地区气候条件，便于夏季迎风、冬季逆风，是否有挡风设施 | –1，1 | |
| | 住区活动场地附近是否有足够的荫庇空间，户外活动场地朝向是否有眩光干扰 | 0，1，2 | |
| | 住区户外空间的白天噪声值是否≤ 45dB，夜间噪声值是否≤ 40dB | 0，1 | |
| | 通过住区内部景观水量调节和植物呼吸作用，是否使住区相对湿度保持在 30%~60% | 0，1 | |
| | 冬、夏季住区户外空间温度是否适宜居民较长时间驻留、活动 | 0，1 | |
| | 住区水体是否洁净、水景是否优美，能吸引居民长时停留在水岸赏景 | 0，1 | |
| | 人车混行道路边的绿化种植及路面质地色彩选择是否具有观赏性，并间设休息设施 | 0，1 | |
| | 住区内的活动场地是否具有较强的视线可达性，活动场地的分布是否方便、易达，其规模、形式是否与住区相宜 | 0，1，2 | |
| | 车行道的设置是否对居民户外活动造成干扰或安全隐患，活动场地与车行道的分界处是否有车挡、缆柱等设施 | –1，1 | |
| | 活动场地是否考虑无障碍设计及无障碍通道 | 0，1 | |
| | 住区活动场地是否配备有坐具、饮水装置等便民的户外家具 | 0，1 | |
| | 住区活动场地是否配备有适宜的照明设施 | 0，1 | |

续表

| 项目 | | 评分 | 备注 |
|---|---|---|---|
| 住区景观建设对居民户外活动的吸引力（安全、舒适、卫生、优美） | 水体附近是否留出散步道 | 0，1 | |
| | 亲水活动的安全性：可涉入式溪流或水池的水深是否 <0.3m，水底是否做防滑处理，溪流或涉水池水深超过 0.4m 时是否在水边采取防护措施（如石栏、木栏、矮墙等），水面上是否设置安全可靠的踏步平台和踏步石 | -1，0，1 | |
| | 活动场地的地面材料是否平整、防滑、易清洗、耐磨、耐腐蚀、适于运动 | -1，1 | |
| | 步行道的宽度、坡度、落差、防滑度、照明度等是否安全适宜，道路标识是否充分、易于识别 | -1，1 | |
| 有利于“人—人”交往的活动场地（散步、游戏、运动等） | 住区内是否配置有相对集中的适合不同年龄段居民交往活动的场地（如小广场、露天剧场、戏水池、健身场、旱喷泉等） | 0，1，2，3 | |
| | 住区内特设的交往活动场地是否通达性强、有庇护感，且外部干扰小 | -2，-1，1，2 | |
| | 住区内是否配置有相对集中的适合不同年龄段居民共同使用的运动场地（如篮球场、小足球场、游泳池等） | 0，1，2 | |
| | 运动场周围是否有带遮阳和足够座椅的休息区，运动场附近是否设置饮水装置 | 0，1，2 | |
| | 住区内部是否组织有专供行人使用的景观路径，沿长距离步行道是否间设座椅或休息设施 | 0，1，2 | |
| | 住区外部空间是否提供了有利于居民交往的休闲茶座 | 0，1，2 | |
| | 住区及住宅单元出入口附近，是否考虑了促进居民结识的场地及休憩设施 | 0，1，2 | |
| | 底层架空住宅的架空层内是否充分利用为半开放式公共活动空间，是否配置适量活动和休闲设施 | 0，1，2 | |
| | 住区内是否有适当郁闭度的静态活动空间 | 0，1，2 | |
| | 儿童游乐场场地周围是否有较好的可通视性，以吸引更多儿童参与活动 | 0，1 | |
| | 儿童游戏场附近是否设置有供家长看护儿童和相互交谈的休息区，休息区及其设施是否舒适宜人且方便居民交流 | 0，1，2 | |
| | 是否为老年人户外活动提供了多种选择（如活动环境、健身器械、运动设施等） | 0，1，2 | |
| | 住区广场是否尺度适宜，其整体和细部设计是否有吸引力，是否有利于聚集人气和组织群体活动，广场上是否能获得丰富视景 | -2，-1，0，1，2 | |
| | 滨水地带是否设置有适宜充足的活动场地及设施（如滨水广场、划船码头等） | 0，1，2 | |
| | 住区内是否分设深度不同的儿童泳池和成人泳池，泳池岸是否有圆角处理，池岸是否铺设软质渗水地面或防滑地砖 | 0，1，2 | |
| | 住区内的不常使用的消防车道是否隐蔽处理为居民平时活动场所 | 0，1 | |

续表

| 项　　目 | | 评分 | 备注 |
|---|---|---|---|
| 有利于"人—人"互动活动的环境设施（座椅、亭、廊等） | 住区内是否设置有可躲避不良天气的亭、廊、棚等景观庇护设施，景观构筑物及其他小品设施的设计是否考虑多人共同活动的需要 | 0，1，2 | |
| | 住区内的雕塑及艺术小品是否有助于营造轻松、愉悦的居住氛围，是否能刺激居民的参与性活动，或促进观看者之间的交流 | 0，1，2 | |
| | 室外坐具的数量是否充足，坐具的位置、选材、细部设计等是否舒适宜人，是否多样化以适应成群人的使用和交流活动 | 0，1，2 | |
| | 室外坐具旁是否配置有适量多用途的桌子 | 0，1 | |
| | 主要活动场地附近是否有尺度适宜的餐饮服务，如小超市、小吃店、咖啡座等，居民享用餐饮服务的空间是否舒适 | 0，1，2 | |
| | 与住区规模相当的相关景观及便民设施是否充足（如音响设施、自行车架、饮水器、垃圾容器、座椅、书报亭、公用电话、卫生间、邮政信报箱等）、易读、易达、易使用 | 0，1，2 | |
| | 住区信息标志的位置是否醒目且不对行人交通及景观环境造成妨碍，信息标志高度是否适宜（1.2m左右），是否采用照明，信息标志的最下部是否附有盲文说明 | –1，0，1 | |
| | 户外活动场地是否有适度的灯光照度，是否根据居民夜间户外出行活动的不同要求而采取不同的照明方式，灯光照明设计是否能营造舒适优雅的生活气氛，是否多采用低伏、短间距、矮杆的节能型灯具 | –2，–1，0，1，2 | |
| | 坡道、台阶等特定区域是否设置有高度适宜的栏杆、扶手、挡墙等安全防护设施，超过3级踏步的台阶是否设置供不同人群使用的扶手（儿童、老人和残障人） | 0，1 | |
| | 室外健身器材是否考虑老年人使用特点而采取防跌倒措施 | 0，1 | |
| | 儿童游乐场设施是否能吸引和调动儿童参与游戏的热情，游戏设施是否安全、卫生，游戏器械是否能承受成人使用强度（便于家长与儿童共同游戏） | 0，1，2 | |
| | 儿童游戏场及器具的设计是否考虑儿童群体活动的游戏设施，如游戏屋、小城堡等 | 0，1，2 | |
| | 儿童游戏场的项目设置及空间设计是否灵活多变，为儿童自由组织群体游戏或自创活动留有空间（非单一、一体化的大型设备） | 0，1，2 | |
| | 住区雕塑的主题、尺度、材料选择等是否宜人，是否有助于社区和乐氛围的营造 | –1，0，1 | |

#### 5.4.1.3　住区景观的"人—植物"互动性

"人—植物"之间的积极互动，有利于形成自然、生态、绿色的居住环境。评价住区景观对"人—植物"互动关系的促进作用，可以从植物景观的接触界面、植物景观的可接近性、植物配置方式、植物景观的吸引力等方面来考虑（见表5–3）。

住区景观的“人—植物”互动性评估表　表 5-3

| 项目 | | 评分 | 备注 |
|---|---|---|---|
| 总体环境 | 是否对基地上的多数原生植物、特别是古树名树予以保留 | -2，-1，0，1，2 | |
| | 住区的人均绿地（地表以软质绿化为主）面积是否适宜 | -1，0，1 | |
| | 住区外部空间中，单位面积上乔灌木的数量和种类是否充足，人均享有乔灌木的数量和种类是否充足 | -1，0，1 | |
| | 住区外部空间中，单位面积上地被植物（含草本花卉）的面积是否充足，人均享有地被植物的面积是否充足 | -1，0，1 | |
| | 住区植物景观设计是否疏密得当，兼顾空间的开放性和私密性 | -1，0，1 | |
| | 是否通过平台绿化、屋顶绿化、架空底层绿化等方式增加植物景观 | 0，1，2 | |
| | 住区多数树木的生长情况是否正常，种植成活率是否≥ 98%，是否选择适应所在地区气候、土壤条件的植物 | -2，-1，0，1，2 | |
| | 是否选择抗病虫害强、易养护管理的植物，种植区是否整洁和及时、定期修剪 | -1，0，1 | |
| | 是否为植物自然生长而留设必需间距及足够的生长空间（特别是住区内无需修剪的大型树木） | -1，0，1 | |
| | 住宅及公共建筑屋顶是否有绿化种植（屋顶庭园绿化），是否选取耐旱、耐移栽、生命力强、抗风力强、外形低矮的植物，是否妥善解决了屋顶绿化的排水问题 | 0，1，2 | |
| | 北方住区是否考虑冬季植物景观，其水景设计中是否考虑了结冰期的植物景观 | 0，1 | |
| 单株植物及植物配置对居民的吸引力（形、色、味等） | 所选植物类型是否丰富多样，植物配置是否合理、四时有景，形态、质地和图案效果是否醒目、悦目、有层次而不杂乱 | 0，1，2 | |
| | 是否构成常绿与落叶、速生与慢生结合的复合生态结构和达成植物群落的自然和谐 | 0，1 | |
| | 孤植植物是否姿态优美、观赏性强，具有明显的季相特征 | 0，1，2 | |
| | 是否使用了重点树木或样本植物增加景观的趣味性，重点植物或点景植物的形、色等是否突出于背景环境 | 0，1，2 | |
| | 是否通过多层次地形塑造及垂直绿化增强绿视率 | 0，1，2 | |
| | 住宅楼层间是否建有空中花园及绿廊 | 0，1，2 | |
| | 道路及停车场是否有充分绿化，植物的荫庇效果是否良好 | -1，0，1 | |
| | 所植树木是否多为形态不突出幼苗或小树（成熟植株与幼株比率） | -1，0，1 | |

续表

| 项　　目 | | 评分 | 备注 |
|---|---|---|---|
| 单株植物及植物配置对居民的吸引力（形、色、味等） | 住区内部是否引进芳香类植物，是否排除了散发异味、臭味和引起过敏、感冒的植物 | -1，0，1 | |
| | 住区植物是否洁净、安全 | -1，0，1 | |
| | 居民日常行走的道路边缘是否考虑专门的花境设计 | 0，1，2 | |
| | 植物配置中的色彩和疏密组合，是否考虑了高处俯视效果 | -1，0，1 | |
| | 靠近行人的溪流及水池岸边是否种养适应当地气候条件的水生或湿地植物 | 0，1，2，3 | |
| | 住区内部的挡墙是否能被利用为动植物生长空间 | 0，1，2 | |
| | 住区内果树和开花树种是否丰富 | 0，1，2，3 | |
| 有利于“人—植物”互动的特色植物场地（湿地植物、植物园地、玫瑰园） | 是否利用不同高度的植物塑造不同类型的活动空间或围合空间，是否利用树冠大、分枝高的庭荫树设置居民休息场地 | 0，1，2 | |
| | 住区内是否设置有可供多种类型植物生长的、层次丰富湿地园 | 0，1，2，3 | |
| | 住区内是否设置有特色植物种植区（如竹园、菊园、水生植物区、芳香植物园等） | 0，1，2 | |
| | 针对住区入口、活动区域、景区及其他特殊的户外空间，是否有专门的种植设计 | 0，1，2 | |
| | 住区内是否有可供居民自己种植花草、瓜果、蔬菜等植物的自种园地，园地的土壤、日照条件等是否适宜植物生长，园地附近是否特设园艺工具储存室、水源和休息座椅 | 0，1，2，3 | |
| | 住区内是否设置有专供居民学习种植知识、租借盆花和欣赏更多类型植物的小型植物温室 | 0，1，2，3 | |
| | 住区的草坪是否为鼓励居民践踏、躺卧的接触型草坪，草坪内是否有方便居民行走及滞留的适量硬质铺地和遮荫处 | 0，1，2 | |
| 有利于“人—植物”互动的住区环境设施（标识、座椅等） | 种植花盆内的花草是否随季节变换经常更新，是否考虑到适当空间以布置可移动式花盆 | 0，1，2 | |
| | 住区内是否有植物材料搭建的迷宫、亭廊、棚架等景观设施及小品 | 0，1，2 | |
| | 住区内的观赏植物附近是否设有充足的专用坐具设施或矮墙、宽缘花床、块石等非专用座位 | 0，1，2 | |
| | 住区照明设计是否综合考虑植物的夜间观赏效果，同时不影响植物正常生长 | 0，1，2 | |
| | 住区内是否有足够的植物标识，标识是否清楚易读，是否有盲文标识，便于更多居民阅读和了解植物 | 0，1，2 | |

5.4.1.4. 住区景观的"人—动物"互动性

"人—动物"之间的积极互动，可促进自然、和谐、轻松的居住氛围的形成。评价住区景观对"人—动物"互动关系的促进作用，可以从住区生态小环境的优劣程度、住区景观对小动物的吸引力、可达性、模拟性动物景观等方面来考虑。由于在我国城市住区内引入小动物和倡导"人—动物"互动的做法尚属起步阶段，相关的论述和实例也相当有限，故该项内容的评价指标数目不及前两项，有待在"人—动物"互动思想及行动深入城市之后逐步增补（见表5-4）。

住区景观的"人—动物"互动性评估表　　表5-4

| 项目 | | 评分 | 备注 |
|---|---|---|---|
| 总体布局 | 住区内、外的原有生态环境是否良好，可保留的原生动物种类及数量是否多 | -1，0，1 | |
| | 住区内部的景观空间中，单位面积上有益动物（微生物、蚊蝇等除外）数量和种类是否丰富，人均有益动物的数量和种类是否充足 | -2，-1，0，1，2 | |
| | 住区植物配置是否对动物有吸引力（如蜜源植物、浆果类植物） | 0，1，2 | |
| 代表性动物的选择（小型、安全、独特、可爱） | 所选小动物是否能引起居民关爱，是否多数与儿童所熟悉、喜爱的动物童话故事相关（如小鸭、小兔、小鸡、小鹅等） | 0，1，2 | |
| | 住区内鸟类的数量及种类是否较多，所选鸟类的鸣叫声是否悦耳，所选鸟类是否以捕食害虫的益鸟为主 | 0，1，2 | |
| | 住区水池中是否放养鱼类及其他水生动物，其数量及种类是否丰富 | 0，1，2 | |
| 有利于"人—动物"互动的特色场地（湿地、蝴蝶谷、萤火虫） | 住区内是否设置有蝴蝶谷、萤火虫湿地、蜻蜓园、鱼池之类的特色动物栖息地，这些场地的景观设计是否配合特定物种的生长条件而开展 | 0，1，2，3 | |
| | 住区内是否有适宜动物自然生活的、植物繁茂的湿地花园 | 0，1，2，3 | |
| | 住区内是否设置专供居民观察和喂养住区小动物的园地 | 0，1，2 | |
| | 是否在动物活动场地附近留设有供儿童模仿、塑造、或描绘动物特征、动作的软质活动场地 | 0，1，2 | |
| 有利于"人—动物"互动的环境设施（雕塑、座椅等） | 是否提供了供人观赏动物活动的休憩设施（如坐椅、石凳等） | 0，1，2 | |
| | 住区内是否设置有喂鸟器，是否设置有吸引小鸟喝水或洗澡的鸟浴盆 | 0，1，2 | |
| | 是否为猫、狗等宠物的户外活动设置必要的清洁设施（水源、垃圾收集点等） | 0，1 | |
| | 是否考虑方便居民夜间赏鱼或其他住区动物的照明设计 | 0，1 | |
| | 配合住区景观设计，是否安置了造型可爱、形态独特的动物雕塑，动物雕塑的创作是否有原创性 | 0，1，2，3 | |
| | 住区景观小品中，是否有源于动物外形特征或内部结构的仿生学小品设施 | 0，1，2 | |

### 5.4.1.5　住区景观设计与多项功能综合评价总表

有了上文中对住区景观的"人—人"互动、"人—植物"、"人—动物"的评价之后，还可以此为基础，对住区景观的其他功能特征，即生活功能、美学功能、社区功能、经济性、历史人文价值、景观维护与管理等情况，进行比较综合性的总体评述，如表 5–5 所示。

住区景观与多项功能综合评估表　　表 5–5

| 功能特征 | 整体环境 | 绿化植被 | 道路景观 | 场地景观 | 水 / 岸景观 | 硬质景观设施及构筑物（含照明） | 住区建筑 | 区域景观 | 备注（设建设前状态为原点） |
|---|---|---|---|---|---|---|---|---|---|
| 生活功能（为住区内的"人—动物—植物"提供健康、安全、宜居的生态环境） | "人—动物—植物"的和谐共生。大气质量综合评价指数、噪声污染指数、光污染、热污染 | 植物的基本生存需求 | 机动车行驶、停放、回车的基本需求 | | 水质，地表水综合评价指数 | 人—动物—植物生存对于硬质景观的基本要求 | 建筑布局及空间组合是否有利于塑造住区良好生态环境 | 区域景观对住区生态环境的正负作用 | 该类指标主要用于旧区重建/改建/新区建设参照，指标变化趋势根据住区条件而差异大（非 0 原点的波动曲线） |
| 美学功能（提升住区景观的美学品质和艺术性） | 协调性/统一性/绿地率/色彩平衡 | 多样性/整洁度/秩序感/配置效果 | 步移景异的道路景观 | 活动场地的整体感/优美度 | 水体占地比率/动水/静水 | 造型优美度/整体感 | 建筑设计的风格特征、整体感 | 相邻地区的景观条件对住区内部景观的影响 | 该类指标主要用于旧区重建/改建/新区建设参照。指标变化趋势根据住区条件而差异大。（非 0 原点的波动曲线） |
| 社区功能（"人—动物—植物"共生互动的社区氛围） | 社区交流/"人—动物—植物"交互活动 | 避免使用有毒、多刺、臭味植物 | 适宜、安全、便捷的步行空间 | 适宜"人/动物/植物"的安全、便捷的活动场所 | 水体利用情况/邻水活动分布 | 通过体贴、有吸引力的硬质景观促进户外活动，营造社区氛围 | 合宜的建筑空间布局促进社区交往 | 住区外围景观对住区居民及动植物分布（活动）的影响力 | 该类指标主要用于新区建设参照，建设前后指标变化（以 0 为原点的正增长变化曲线） |

续表

| 功能特征 | 整体环境 | 绿化植被 | 道路景观 | 场地景观 | 水/岸景观 | 硬质景观设施及构筑物（含照明） | 住区建筑 | 区域景观 | 备注（设建设前状态为原点） |
|---|---|---|---|---|---|---|---|---|---|
| 经济性 | 节省景观造价;提升社区魅力和吸引力 | 乡土植物 | 道路选线/路面材料 | 场地规模/设施/ | 水域面积 | 建设材料的经济性 | 空间布局与节约土地资源 | 利用外界景观资源 | 该类指标主要用于新区建设（造价）参照，始自动工，止于竣工（以0为起点的正增长线） |
| 历史/人文 | 历史遗存保护 | 古树名木保护 | | 场地的历史/人文主题 | | 设计风格与人文特征 | 建筑风格与人文特征 | 地域文化的尊重 | 该类指标在建设前后变化应小，以保护为主（0原点或非0原点的近似水平线） |
| 景观维护与管理 | 景观保洁、景观保全 | 植物养护/修剪 | 道路及相关设施维护、整理 | 场地及其设施维护、整理 | 景观用水给排/水质维护 | 设施维护和物业管理 | 设施维护和物业管理 | | 该类指标主要用于旧区重建/改建/新区建设（维护成本）参照，从建设后期始计。（多数属与原点<0或非0>脱节的近似水平线） |

## 5.4.2 适用于非专业人员的调查与问卷法

在住区互动景观评价中，非专业人员一般指居住于该住区的居民。相对于专业人士而言，居民与特定居住环境的接触更多、更直接。由于居民是住区互动景观的直接使用者，他们对住区互动景观的评价，可以弥补作为旁观者的专业人员在个人感知上的不足或失误。因而，居民的参与是住区互动景观评价不可或缺的重要内容。

适用于非专业人员住区景观评价的途径很多，常用的传统方式有观察、访谈、问卷调查等。如今，有不少住区创办了自己的刊物，成为业主与开发商或物业管理公司交流的平台。而随着网络的普及，很多住区还拥有了自己的社区网站，为更多的住户提供了表达个人对住区建设和管理等方面的意见或建议的窗口。无论何种方式，都需要从环境心理学的角度出发拟定客观且普遍性的评价标准，引导作为评价者的居民对有关社区互动景观进行思考，使最终的评价结果能够真实表达居民自己的主观意识，鼓励居民提出建设性的改进主张，发挥其对于住区互动景观建设的能动性。

住区互动景观的调查与问卷评价过程，大都需预先设计一系列问卷题目，经由被调查者或调查者回答或填写后，再交专业人员处加以统计和综述。由于该方法的主观性很强，不同居民的生活方式、心理感受尺度和价值观的差异都很大，在回答问卷或被调查时更可能因对相关指标的理解含糊不清、或个人情绪波动、或外界干扰等各种因素的影响，从而导致评价结果失真。所以，调查者要引导被调查者表达个人对住区景观的真实感受，并尽量使调查面广泛、全面，增加调查结果的含金量。在问卷设计时，则应避免使用主观性过强的指标，尽量将抽象的、主观性强的评价指标分散为若干具体的客观性指标。

#### 5.4.2.1　访谈

深入居民内部访谈，了解其对住区互动景观的认识和相关需求，找出影响住区互动景观塑造的决定性因素。

#### 5.4.2.2　问卷调查

本书以对上海及江浙住区所抽选的部分家庭问卷调查为例，据此推断总体指标，并对填写不合规范的问卷筛选剔除，完整录入原始数据和选项（问卷参见表 5–6）。

问卷调查的评价主体应尽量多类型化，减少调查结果的偏向。在问卷调查之后，需要对评价数据加以整合，以获取综合指标。可根据住区实情对评价主体适当分类，如根据年龄属性可划分为老、中、青、幼等类别，根据家庭结构可划分为单身家庭、无子女的核心家庭、有子女的核心家庭、由三代人构成的主干家庭等，根据现阶段居住形式可划分为单栋无景（观）住宅楼、早期成规模兴建的少景（观）住宅小区、新建的多景（观）住区等。

**城市住区景观环境及居民活动情况问卷调查表　　表 5–6**

1. 您对现有居住环境景观的满意程度？ ________

a. 很满意　　b. 比较满意　　c. 一般　　d. 不满意

2. 与其他住区相比，您觉得自己所在居住区的景观设计有特色吗？ ________

a. 有特色　　b. 有一点特色　　c. 无特色　　d. 不清楚

3. 您觉得自己所在住区还缺少何种环境设施？（多选） ________

a. 绿化园地　　b. 健身器材或健身场地　　c. 儿童游戏场

d. 公共活动场地，如小型的社区广场或室外舞台等　　e. 水景　　f. 灯光夜景

g. 其他： ____________

4. 除日常出行外，您经常在住区内活动吗？ ________

a. 经常　　b. 偶尔　　c. 基本不

5. 如果您在住区内活动，一般会选择什么场所？（多选） ________

a. 有健身器械的场地　　b. 植物多、绿化好的地方　　c. 就近选择房前或楼下的绿化场地

d. 儿童游戏场附近　　e. 大树下　　f. 水边　　g. 人多的地方

h. 人少、清静的地方　　i. 空旷的广场　　j. 其他： ____________

6. 您理想中的居住环境是怎样的？（多选） ________

a. 够气派，大柱廊、大广场、大喷泉构成的欧美风格

b. 亭台楼阁、小桥流水的传统中国园林风格

c. 植物繁茂、四季有景的绿色住区

d. 能听到鸟鸣、蛙叫，看到鱼游、蝴蝶飞，人和自然生物和谐共生的居住环境

e. 其他：______________________________

7. 当住区的植物景观有变化时（如树木发芽、开花、结果实等），您能自己发现吗？

a. 变化较大时（如有大片花同时开放）能发现

b. 变化小时（即使是单株树木开了一些小花）也能发现

c. 不一定。有时候能发现住区植物的变化，有时不能

d. 除非有人告诉我，自己基本上不注意

e. 其他：______________________________

8. 住区内的植物，您能叫出名字的有多少？__________

a.0　　b.0~5 种　　c.5~10 种　　d.10 种以上

9. 您所熟悉的住区植物是什么？它的叶子是何形态？__________

a. __________（植物名），__________（叶形）　　b. __________（植物名），叶形不清楚　　c. 没有熟悉的植物

10. 住区水池（池塘）中有什么鱼？__________

a. ____________________（鱼名）　　b. 没有鱼　　c. 有鱼，但不知其名

11. 住区内能听到鸟鸣吗？__________

a. 不能　　b. 能　　c. 偶尔能　　d. 不清楚

12. 除家养宠物之外，您在住区内亲眼看到的动物还有哪些？__________

a. 鱼　　b. 鸟　　c. 蝴蝶　　d. 蜜蜂

e. 蚯蚓　　f. 兔子　　g. 鸡　　h. 鸭

i. 鹅　　j. 萤火虫　　k. 蜻蜓　　l. 老鼠、苍蝇、蚊子

m. 没注意　　n. 其他：____________________

13. 如果住区内组织义务种植或养护花草树木的集体活动，您会参加吗？__________

a. 如果有时间就自己参加　　b. 愿意带小孩参加　　c. 不会参加

14. 如果您和小孩在一起，会结合住区环境教他（她）认识植物或动物吗？__________

a. 会主动教他（她），小孩也比较感兴趣

b. 如果小孩问起这类知识，就给他（她）讲；不问则基本不讲

c. 从未结合住区环境讲过

15. 您希望住区内（或几个住区联合）开展一些什么内容的活动？（多选）__________

a. 休闲娱乐性的运动会

b. 社区音乐会

c. 居民共同养护花草树木的园艺劳作活动

d. 居民共同养护有益小动物（鸟、鱼等）的活动

e. 摄影、美术展览或竞赛

f. 家庭盆花展

g. 社区清洁活动

h. 结合节庆日开展的社区活动，如儿童节、老人节、中秋赏月活动等

i. 其他：____________________

调查结果整理如图 5-1~ 图 5-15 所示。

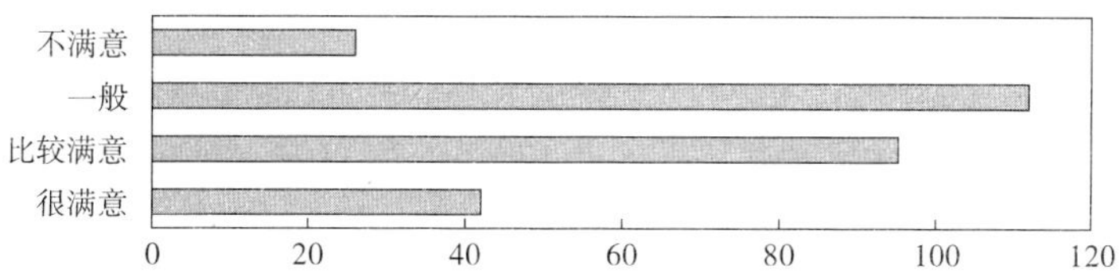


图5-1　对现有居住环境景观的满意程度

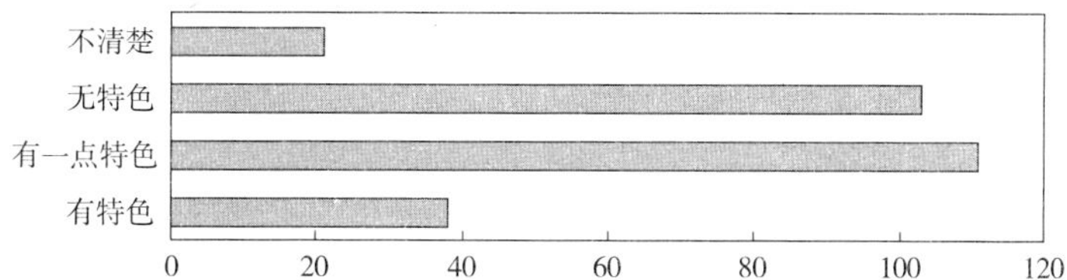


图5-2　居民对自己所在居住区的景观设计特色感受

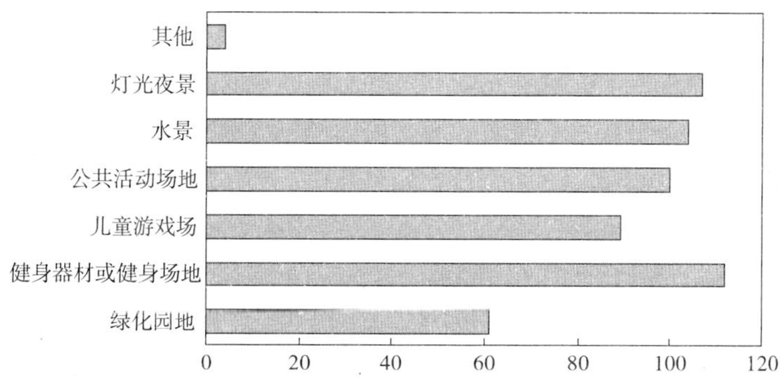


图5-3　住区缺少何种环境设施

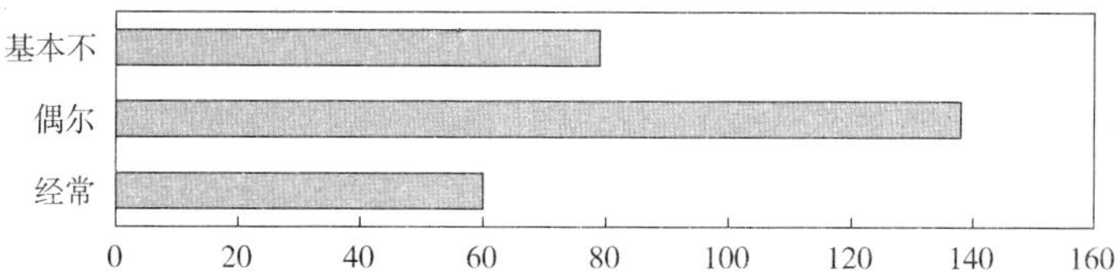


图5-4　居民在住区内的活动频率

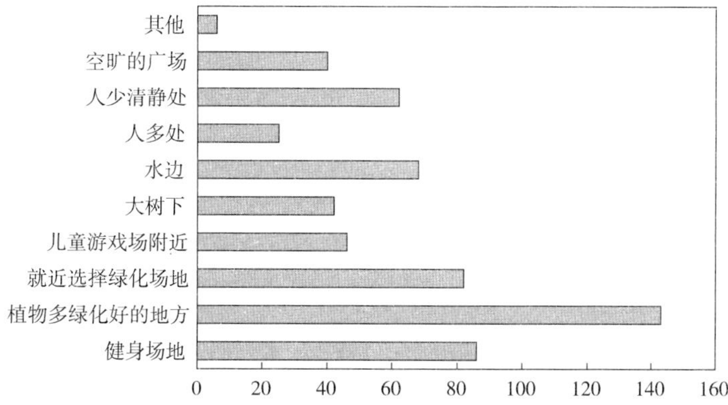


图5-5　居民对住区内活动场所的选择情况

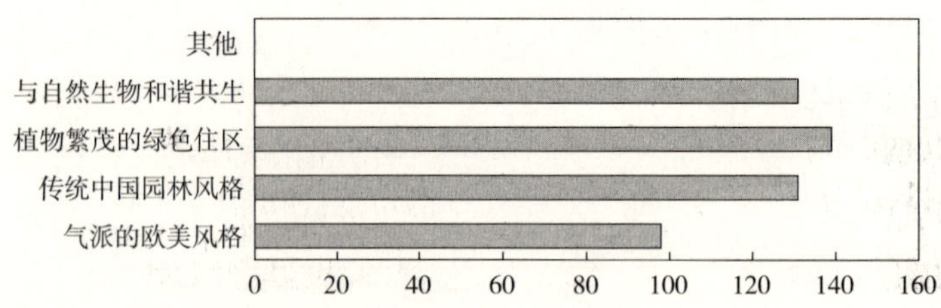


图5-6 居民理想中的居住环境风貌

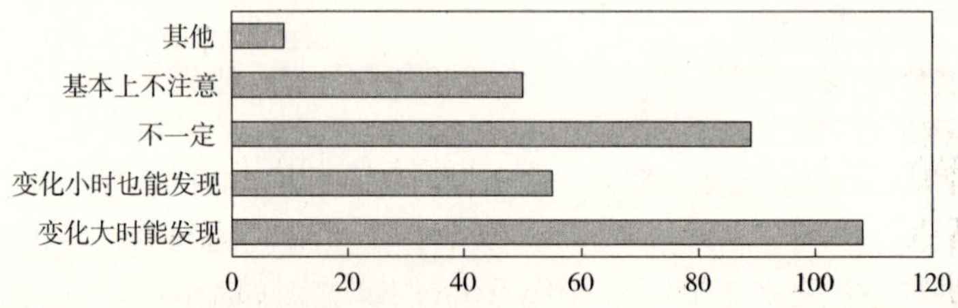


图5-7 居民对住区植物景观变化的关注程度

注：居民对大面积开花和结果的植物比较敏感

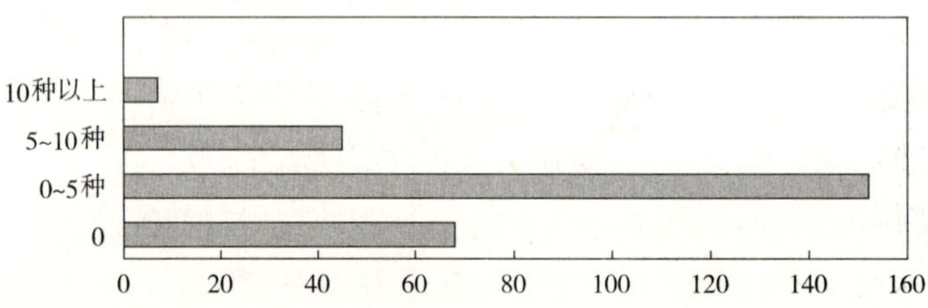


图5-8 居民认识的植物种类

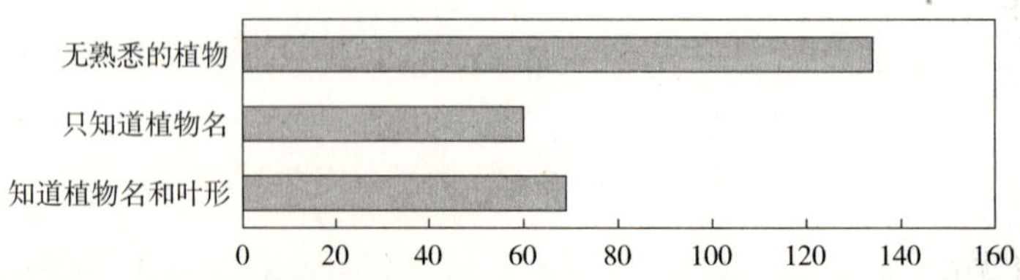


图5-9 居民对住区植物的熟悉程度

注：上海及江浙一带居民熟悉的知道名称和叶形的植物种类有银杏、松树、铁树、黄杨、枫树、法国梧桐、竹、海棠、芭蕉等；只知其名的植物以开花植物、树形独特的植物和常见的本土植物为主，其中，开花植物有桂花、广玉兰、白玉兰、茶树、杜鹃、紫藤、桃树、紫荆、迎春等，树形独特的植物有铁树、柳树、松树、枫树等，其他植物则为常见的本土植物如香樟、法国梧桐等

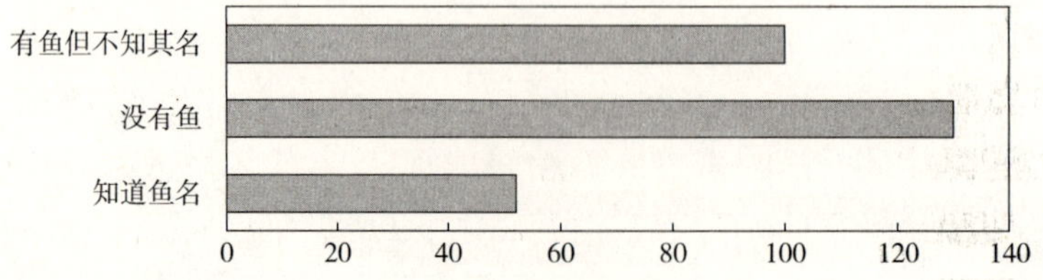


图5-10 住区内有无鱼类及居民对鱼类的熟悉程度

注：知道鱼名的居民中，多数的回答为金鱼或鲤鱼

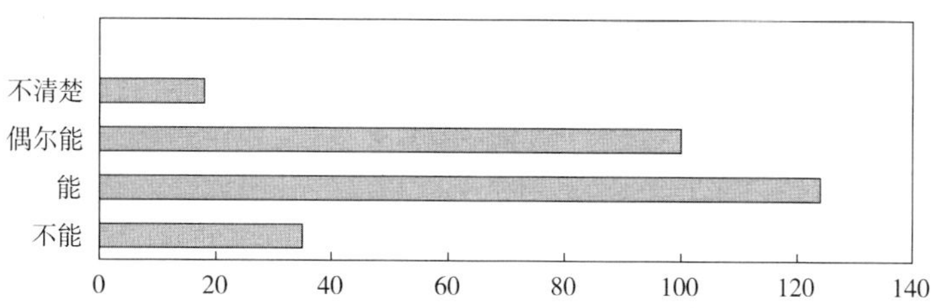


图5-11　住区内有无鸟鸣及居民对鸟类的关注程度

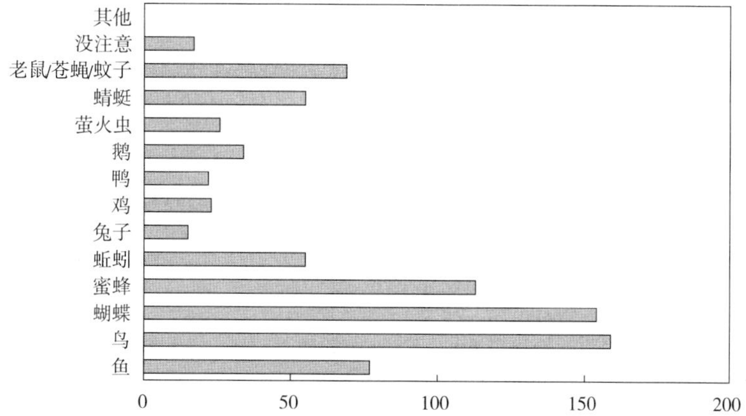


图5-12　居民对住区内自然生长状态的小动物的认识情况

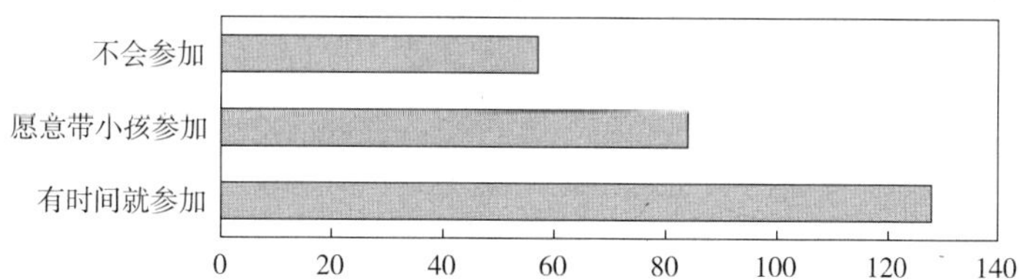


图5-13　居民参与住区集体性植物养护活动的积极性

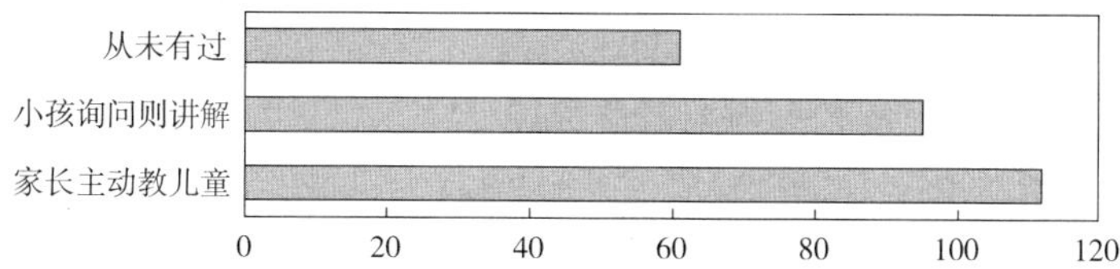


图5-14　居民利用住区内动植物资源教育儿童的可能性

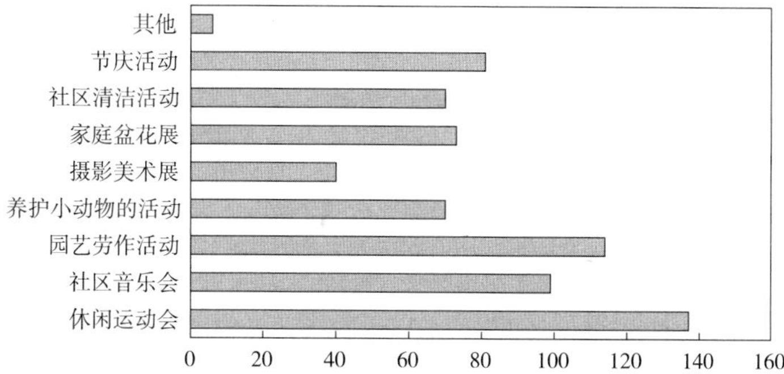


图5-15　居民对住区公共性活动的期望

注：在“其他”中，有些居民希望开展节能环保类活动和公益活动

5.4.2.3 社区刊物

利用社区刊物，能使更多居民了解住区近况，以此呼吁居民关注住区互动景观建设，并对互动景观建设活动提出个人意见。现有的社区刊物多由开发商主办，其涉及面涵盖该开发单位主持建造的所有住区，有不少刊物都在其中设置业主专栏，为住户提供了一个发表意见的友好平台。

5.4.2.4 社区网站

随着互联网的推广，许多住区都开设了自己的网站，通告住区大小事宜，鼓励居民加入住区活动，并对活动进展情况加以评述。最重要的是，社区网站为本住区居民提供了相互交流的平台，居民可以在网站上就社区问题发表个人意见。所以，利用社区网站进行使用评价是一种便捷的调查方式。在"搜房网"、"焦点房地产网"、"新浪房产"、"21CN.COM"等知名网站上也有特设的业主论坛，如果能利用网络资源开展住区互动景观的评价工作，还能促进不同社区之间的学习交流，提升整个社会的互动景观营建意识。不过，令人遗憾的是，从现状看来，社区网站的开展状况良莠不齐，且多数居民只是在论坛中发发牢骚或随性闲话而已，并未充分利用和组织业主论坛为信息回馈通道。

5.4.2.5 住区会议及调研小组

为了长期了解住区的互动景观建设情况，有条件的住区可专门成立相关的调研小组，并适时组织住区会议，以掌握居民的反馈信息并及时调整。住区会议的内容可针对住区景观环境所面临的问题和可能出现的问题展开讨论；调研小组的成员可由景观设计行业的从业人员和热心于住区互动景观建设的居民构成，对住区互动景观建设情况不定期观察和记录，作为住区互动景观建设的档案资料，认真整理成调查报告并妥善保存。在住区会议和调研小组的阶段性工作之后，再由物业管理人员（或景观维护人员）配合相关技术人员，对住区景观环境及软、硬质设施即时调整和维护。

建立互动景观分析评价的指标体系需要一个复杂而长期的过程，需要规划设计者、建设者、管理部门、相关学者及广大使用者居民的协同配合，反复考核。特别是指标量值的确定，必须斟酌和权衡不同利益群体的价值取向和心理定位，才能使该体系更加科学、严谨。

此外，还应值得注意的是，无论是适用于专业人员的住区互动景观分类记录法，还是适用于非专业人员的调查与问卷法，其中所涉及的评价指标的设立都并非一成不变。评价指标的选取必须适应居民多元化的居住价值观及其不断更新的居住理想，既要满足居民的个性化要求，同时又需具备一定的超前引导意识，使住区景观环境不再成为满足居民一时新鲜感觉的装饰物，而且能在较长的时间范围内积极作用于居住环境的可持续发展。

# 第 6 章　住区互动景观营建的基本过程

如前面章节所述，住区互动景观的营建是从社会、人文、生态的视点多方位观察城市居民的栖居场所，使人类的生存空间朝更为健康、和谐、高品质的方向发展。住区互动景观的营造工作需要景观规划设计者、艺术工作者、社会学者、环境学者等多方的协作共事；互动景观的建设实施过程更涉及众多主体的相互沟通及交互作用，它需要居民、设计者、开发商、施工单位、政府管理部门、物业管理部门等共同参与此过程。

## 6.1　单向线形的住区景观建设过程和互动景观营建过程

常见的住区景观建设是一个单向线形（见图 6-1）。设计前期，开发商提出比较零散的基本想法，经由景观规划设计者的调查、分析和构思，形成关于此项目的设计思想，而设计者的思路也围绕此设计思想开展。在多数情况下，开发商并不会对规划设计者的设计思想提出异议，对此设计思想也并未深入理解。当设计工作结束后，住区景观建设的具体实施就交由施工单位操作。设计者在对施工单位进行简单的交底工作后，则很少亲赴施工现场指导，施工单位也习惯于根据自己理解，以比较简便易行的方式来完成设计要求。从这一步骤开始，景观规划设计者的设计思想与施工实践开始脱节。到了住区景观建成后的景观维护阶段，原始的设计思想更是乏人问津。这种单向线形的景观建设步骤是无助于良好的景观设计思想的贯彻、实施的。

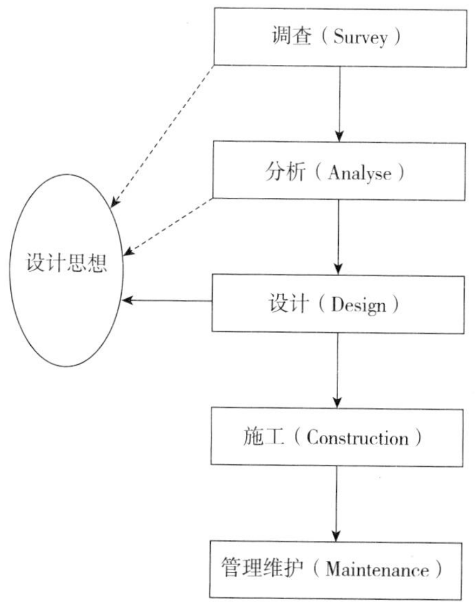


图6-1　住区景观建设的常见步骤

## 6.2 互动性住区景观建设过程

互动性住区景观的营建过程并非单向线性，而是一个非封闭式的循环交替过程。通过各方积极主动的交流、反馈工作，逐步提高住区互动景观的水准。与前面所述的常见的景观建设过程相对，比较完善的住区景观建设过程也应同景观规划设计过程一样，重视各个相关主体之间的互动性（见图6-2）。其中，交互性、多方位和动态性也是开展互动景观设计的关键点。

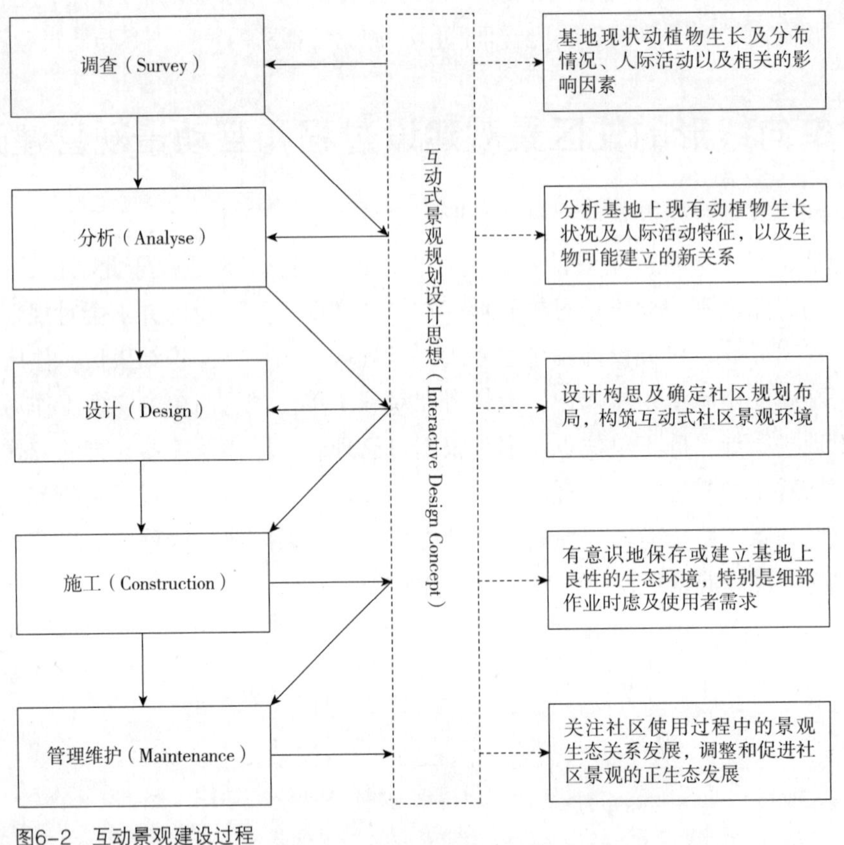


图6-2　互动景观建设过程

### 6.2.1 交互性工作过程

在常见的景观规划设计过程中，设计者的设计概念往往与其他环节脱离，调查者、分析者的调查、分析内容也并不一定能充分、有效地服务于设计过程。例如，在设计阶段，规划设计者极少愿意与有物业管理经验的专业人员交流，从中吸取经验、教训，导致住区使用中很多问题的频繁出现；而在管理阶段，管理者也很少积极主动地要求与设计者沟通，常因管理者不能理解设计初衷而使景观环境陷于尴尬处境。

### 6.2.2　多方位工作过程

互动景观建设过程的每一阶段的工作都需要多方位展开。

以调查阶段对调查对象的选择来看，就应涉及对多方人士的观察和交流，包括：居民对居住景观环境的意见和要求、规划设计者对住区景观实践中的经验教训、施工队伍在景观建造过程中的疑虑和抱怨、政府管理部门的计划和期望，除此之外，调查者还必须了解土地现状使用情况及现有动植物的生长状况等。

同理，以分析、设计等阶段的工作来看，不仅需要经规划、景观、建筑等专业的学科分析，还涉及社会学、生态学、环境学、水文地质、行为科学、自然科学等多项跨专业的学科合作。

为做好互动景观建设工作，施工阶段同样需要多个行业合作，如生物工程、水土保持、人体工程、材料设备、产品加工等，将互动景观的设计理念持续贯彻并付诸实体。在对于基地原生植物和原生动物保护方面，施工阶段的保护意识和工作方法具有重要意义。

管理维护阶段同样是一个复杂的多学科交叉体系，如社区活动组织、植物养护、生态环境保育、景观设施修复更新、儿童游戏看护等，都需要经过比较专业的培训或与专业机构合作，才能使住区互动景观永续发展。以“人—植物”和“人—动物”互动景观营造为例，大多数的住区景观的维护者及园林工人可能会排斥住区内的野生花卉或野生小动物，认为它们杂乱、不洁、为住区景观维护带来很多麻烦。但是，如果经过专门培训和教育，住区景观的维护者能够理解这些有益生物在住区内的生态涵义，并为它们的生长提供适宜条件和背景环境，同时也能教育更多的住区居民与这些不同物种的邻居和睦相处（见图 6-3 和图 6-4）。

图6-3　北京某小区：缺少景观维护的活动空间杂草丛生，无人问津

图6-4　上海某小区：原规划设计的入口交往空间因管理不当而成为凌乱不洁的消极空间

### 6.2.3　动态工作过程

互动景观规划设计思想应贯穿于调查、分析、设计、施工、维护管理等过程，而且各个环节之间是相互联系、反复交流的。互动景观规划设计的思想应作为一种景观规划

设计理念，自始至终作用于住区景观建设的每一阶段（见图 6–5）。强调在调查之初就纳入互动景观建设的基本设计理念，充分发挥有限的时间、空间、及人力资源，并将这一理念贯穿始终，通过持续观察、反复交流、不断调整和意见反馈等方式，保证住区景观环境的整体效果和保持住区景观环境长久的生命力。

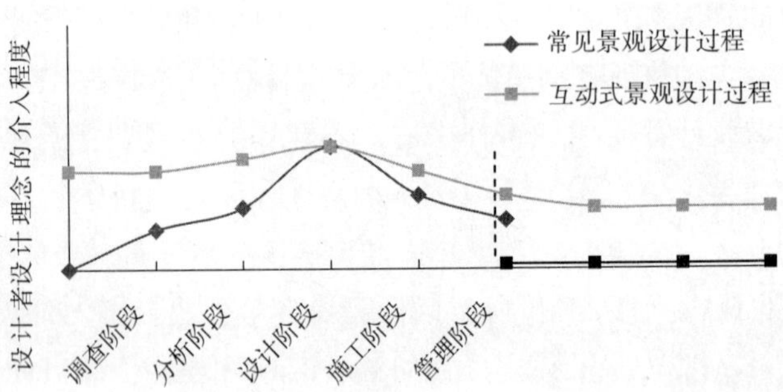


图6–5　不同的住区景观设计过程中，设计理念的介入程度存在差异

# 附录1　社区刊物摘选

《复地会》25期摘选

FORTE复地

复地会 FORTE CLUB 26

15 本期策划 FORTELIVING

《复地会》26期摘选

"绿色心愿·欢乐共享"

——2006复地上海社区植树节欢乐举行

文/薛海珍　图/上海知音业主　汪永康

3月18、19日，一个春意盎然的晴朗周末，复地会主办的"绿色心愿·欢乐共享"——2006复地社区植树节在上海的柏林春天、上海知音、东方知音、龙柏香榭苑四个复地社区欢乐举行。

首站柏林春天的开幕式上，复地集团王宁副总裁和业主代表祝霞女士兴致勃勃地共同种下了第一棵"复地会心愿树"，拉开了本次植树节的序幕。植树节期间，复地会分别向四个复地社区赠送了桂花树，命名为"复地会心愿树"，为复地业主的生活铺上添"绿"。业主代表高兴地接过复地会心愿牌，将它插在树前作为留念。祝霞女士等业主代表都对复地会落到实处的细致服务表示感谢。接着，业主代表和复地会代表一起拿起铁锹，共同为这棵心愿树填土、洒水，象征着通过复地会和业主们的共同努力，复地社区一定会变得更加美好。在一旁守候多时的业主们纷纷将写满自己愿望的心愿卡挂在这棵象征美好幸福的复地会心愿树上，希望自己的心愿开花结果，祈福美好一年。

除了植树祈福，复地会也不忘为业主们的日常生活增添情趣，因此还安排了丰富多彩的游园活动。特邀了园艺专家为业主们讲解家庭养花种草的小窍门，业主们听得连连点头称赞。请来了上海城隍庙的艺术家们表演剪纸、捏面人、烙画等民间艺术，现场人头攒动，笑声不断。还有别出心裁的滚铁环、扯铃子、抽陀螺等老上海弄堂游戏，让许多人到中年的业主们童心大发，仿佛又找回了儿时的自在感觉。孩子们在五颜六色的充气欢乐堡中尽情蹦跳，不管父母怎么劝就是不肯回家。

复地会通过本次植树节为优美的复地社区再添一抹绿色，送上对会员们的诚挚祝福，也让广大业主们享受了一个轻松欢乐的周末。这些充分体现了复地会对社区健康生活的关注，这不仅是对业主的贴心关怀，也是复地对社会的用心回报。

活动一：复地社区植树周

把愿望挂在象征美好幸福的会员心愿树上，让愿望之树开花结果，在祈福美好一年的同时，更有多种欢乐家庭活动等着你来参加！

活动主题：绿色心愿　欢乐共享

活动时间：2006年3月18、19日

活动地点：柏林春天、上海知音、东方知音、龙柏香榭苑

参加对象：上海地区业主和会员家庭

活动内容：

活动二：复地会周年庆暨第三

活动三：复地会第二届少儿风筝节

活动四：复地网站休闲益智游戏

活动六：复地杯社区业主篮球

活动五：复地会BBS

《复地会》29期摘选

"复地会活动调研"报告

丰富多彩的会员活动是复地会的一贯亮点，为更好探究会员对复地会活动需求，从去年10月开始，复地会面向上海复地会会员通过书面问卷形式开展了持续3个月的"复地会活动调研"，调研活动得到会员们的大力支持和广泛参与，许多会员在来电来信中首肯，对复地会的赞许令我们动容，也提出了许多很好的建议。参与调研活动的会员可获赠复地会精美礼品以及30分会员积分。（未收到礼品者请速告知联系方式）

一、受访者信息

其中参与本次调研的非业主会员为88.97%，相对业主会员显示出相当高的活动参与性（参考数据：上海复地会会员非业主比例为53.94%）。

二、对复地会的总体满意度

受访者对复地会的总体满意度达到92.31%，评价一般的为7.69%，不太满意与非常不满意的比例为0。

★ 复地会的良好服务已得到广大会员的认可：

——绝大多数会员认为复地集团有优秀品牌知名度。

——复地会的活动丰富多彩，架起了与业主沟通的桥梁，贴近生活服务大众，工作人员的服务态度很好。

——会刊能给会员带来多方位的资讯。

★ 在本次调研活动中发现的问题：

——个别会员对复地会认识不够清楚，将会刊《复地会》或者复地开发的楼盘及销售认为是复地会。

——少数会员认为复地会活动更倾向于业主会员，针对普通非业主会员的活动较少。



三、复地会活动知晓途径分析

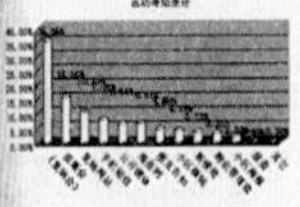

由于参与本次活动的非业主会员占到很大的比例，非业主会员了解复地会活动的途径主要是复地会会刊、房展会、复地网站和手机短信，而从小区海报、横幅、物业及居委得知活动的比例较低。

四、会员对活动的偏好

1、已举行过的活动分析：

按会员喜好程度将活动内容从高到低排列，如下图：

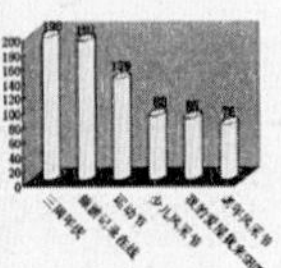


★ 被访者对已举办活动的偏好：

——最受欢迎的项目是三周年庆和旅游记录在线。

★ 不同年龄被访者对复地会活动的偏爱分析：

——复地会所举办的活动受到了各个年龄层人群的欢迎。

——其中比较明显的是，旅游记录在线及我的爱屋我来SHOW等涉及网络科技的活动比较受到年轻人的欢迎。

——旅游记录在线活动知晓率很高，但是参与率低。探究这一现象，我们发现，很多会员非常热衷旅游，但他们参与旅游在线的方式是通过网络浏览其他会员作品和投票，而并非亲身参与比赛。

——老年风采节得分虽然比较低，但非常集中于46岁以上的中老年人，在复地会的会员中，相当一部分老人对复地会活动的参与积极性非常高。

2、被访者对活动的偏好

活动内容偏好分析：

——最受欢迎的活动内容集中在楼盘咨询和出游娱乐。（注：出于安全性考虑，复地会较少举办旅游活动，而楼盘咨询往年多以策源公司牵头组织召集，复地会辅助参与形式开展）。

a）活动内容偏好的影响因素

经过相关检验，对活动内容的建议与其年龄、年收入明显相关，结论如下：

★ 活动内容偏好年龄表现：

——楼盘资料受到各个年龄层会员的欢迎，并且分数非常高，说明会员对楼盘信息的兴趣相当大。

——出游活动与征文摄影项目比较受到30岁以下青年人欢迎。

——31－40岁人群对医疗咨询和楼盘咨询活动比较感兴趣。

——投稿活动中的规律较为明显，46－50岁的中老年人对投稿所打的分数明显高于其他年龄段，说明这个年龄层人群对投稿活动兴趣很高。

★ 活动内容偏好年收入表现：

——高收入人群对楼盘咨询活动特别感兴趣，出游活动则受到各个收入层的欢迎。

五、总结与建议

在本次调研过程中，通过字里行间，可以感受到会员的殷切希望，让复地会十分感动。为会员提供更好的服务，是会员和复地会工作人员的共同期许，也是会员赋予复地会义不容辞的责任。

总结本次调研结果如下：

★ 会员对楼盘信息咨询的需求较集中，但复地会这方面的推广活动较少，因此，复地会将加强对复地楼盘信息的传播，并与销售公司（策源）联动，共同推出相关互动活动，加强对楼盘销售的推动力。

★ 非业主表现出对复地会活动的高度积极性，但由于以往复地会活动宗旨制约，活动更多针对业主会员开展，非业主会员参与机会较少。06年复地会活动方案已经就这一情况做了调整，希望让更多非业主会员近距离了解复地，及早将他们吸纳到业主会员或传播复地品牌的队伍中来。

★ 根据调研，青年会员（35岁以下）和中老年会员（45岁以上）对复地会活动知晓率相对更高，因此，对复地会定义的主流群体（30－45岁年龄段，尤其35－45岁），复地会在活动形式和宣传方式上要加强力度，以更有效方式维系主流会员群体。

★ 在活动的传播途径方面，复地会将更好利用会刊《复地会》，房展会，复地网站，手机短信等多种资源，同时，充分利用集团媒体资源和搜房社区业主论坛等媒体，进行多频次，全方位的引导和宣传，扩大复地会的影响力。

没有最好只有更好，只有不断发现问题解决问题，才能不断提高复地会的服务水平，使复地"以人为蓝图"的信念更加深入人心。

亲爱的会员：

您好！感谢您一直以来对复地会的关爱与支持！历经三年风雨，复地会已先后成立上海、武汉、北京等6个会员俱乐部，并成功为广大会员及业主组织了丰富多彩的活动。为更加贴近社区业主及广大会员需求，我们特展开调研活动，全面听取广大会员的意见。我们期待着您的意见反馈！请您完整填写以下问卷，并寄往复地会。您的参与将获得复地会征询积分30分，VIP会员将获得40分，同时有小礼品赠送。请您务必正确填写联系地址，业主会员正确填写小区及房号，以便小礼品的发放，谢谢！

一、问卷部分

1. 您对复地会的总体评价是什么？（单选，在您的选择上打勾√）

A、非常满意　B、比较满意　C、一般　D、不太满意　E、非常不满意

原因 ____________

2. 您是否参加过复地会的活动？（单选，在您的选择上打勾√）

A、是　B、否（请跳至4题）　C、不知道（请跳至4题）

3. 请按照满意度从高到低次序，对复地会的各项服务进行排序

A、前期宣传工作　B、车辆安排工作　C、活动内容的丰富程度

D、工作人员的服务态度　E、活动流程安排　F、其他（如 ____________）

1、（　）　2、（　）　3、（　）

4、（　）　5、（　）　6、若有填写（　）

原因或其他说明：____________

4. 对以下列举的复地会组织的部分活动，您是否听说过或参与过哪几项活动？（可多选，在您的选择上打勾√）

A、三周年庆活动　B、少儿风采节　C、复地杯第一届社区运动狂欢节

D、旅游记录在线　E、其他（如 ____________）

5. 您一般是通过哪种途径得知复地会的活动的（可多选，在您的选择上打勾√）

A、《复地会》　B、复地网站　C、小区横幅　D、小区海报　E、售楼处

F、物业管理处　G、公开媒体　H、朋友告知　I、房展会　J、手机短信

K、搜房网　L、居委　M、其他（例如 ____________）

6. 复地会今年已经举办和将举办的以下活动中，请按照您感兴趣的程度从强到弱依次填入括号中。

A、三周年庆活动　B、少儿风采节　C、复地杯第一届社区运动狂欢节

D、旅游记录在线　E、老年风采节　F、我的爱屋我来SHOW网上设计大赛

请按照您喜爱的程度从高到低依次为：

1、（　）　2、（　）　3、（　）

复地会 FORTE CLUB

7. 从年龄层次上来说，您希望复地会以后多举办哪些年龄层次的活动？（可多选，在您的选择上打勾√）

A、婴幼儿活动（5岁以下）　B、少儿活动（5－11岁）　C、青少年活动（12－17岁）　D、青年活动（18－30岁）

E、中年活动（30－50岁）　F、老年人活动（50岁以上）

说明：____________

8. 从活动内容上来说，您更希望复地会举行什么内容的活动？选出三个填入下列空格中。

A、楼盘咨询活动　B、体育比赛活动　C、征文摄影活动　D、投稿活动

E、医疗咨询活动　F、出游娱乐活动　G、科教财经讲座　H、才艺表演

I、家庭亲子活动　J、其他（如 ____________

请按照您喜爱的程度从高到低选出3项：

1、（　）　2、（　）　3、（　）

9. 您对复地会及复地会举办的活动是否还有其他意见或建议？

____________

二、基本信息

10. 姓名：____________　11. 性别：A、男　B、女

12. 会员卡号：____________

13. 业主会员：小区：____________　房号：____________

非业主会员：联系地址：____________

14. 联系电话：____________

15. 年龄：A、25岁以下　B、26－30岁　C、31－35岁　D、36－40岁　E、41－45岁

F、46－50岁　G、51－55岁　H、56－60岁　I、61岁以上

16. 教育程度：A、中专/高中　B、大专（或同等学历）　C、本科（或同等学历）

D、硕士及以上（或同等学历）　E、留学归来

17. 家庭年收入：A、5万以下　B、5－10万　C、10－15万　D、15－20万　E、20万以上

18. 您的职务是：A、总经理　B、合伙人　C、高级主管　D、技术人员　E、私营业主

F、一般受薪者　G、其他

您的参与给予复地会鼓励与动力！

您的意见是我们致力追求的目标！

感谢您的大力支持！请继续关注我们的活动！谢谢！

复地会 FORTE CLUB

请将征询表填妥后寄至：上海市复兴东路2号复星商务大厦603室上海复地会收

邮编：200010或传真至021－63325037　Email:forte-club@forte.com.cn　咨询电话：021－63325020

《复地会》活动调研

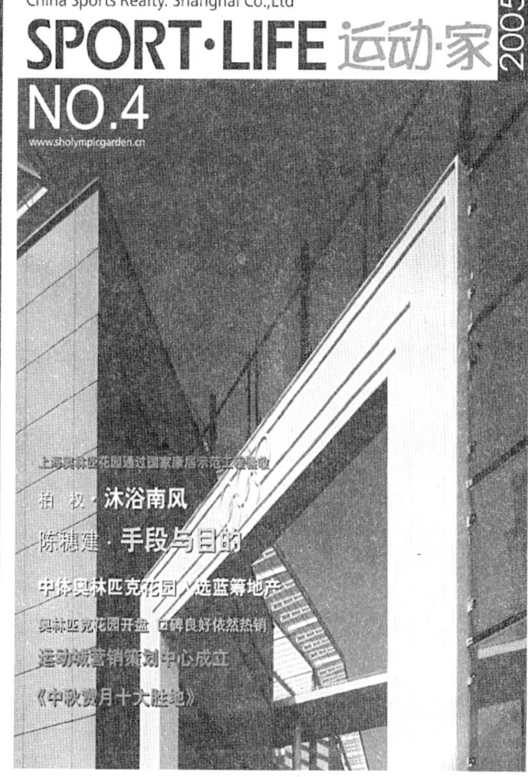


台湾《乡城生活杂志》和上海奥林匹克花园《运动家》杂志

# 附录 2 社区网络

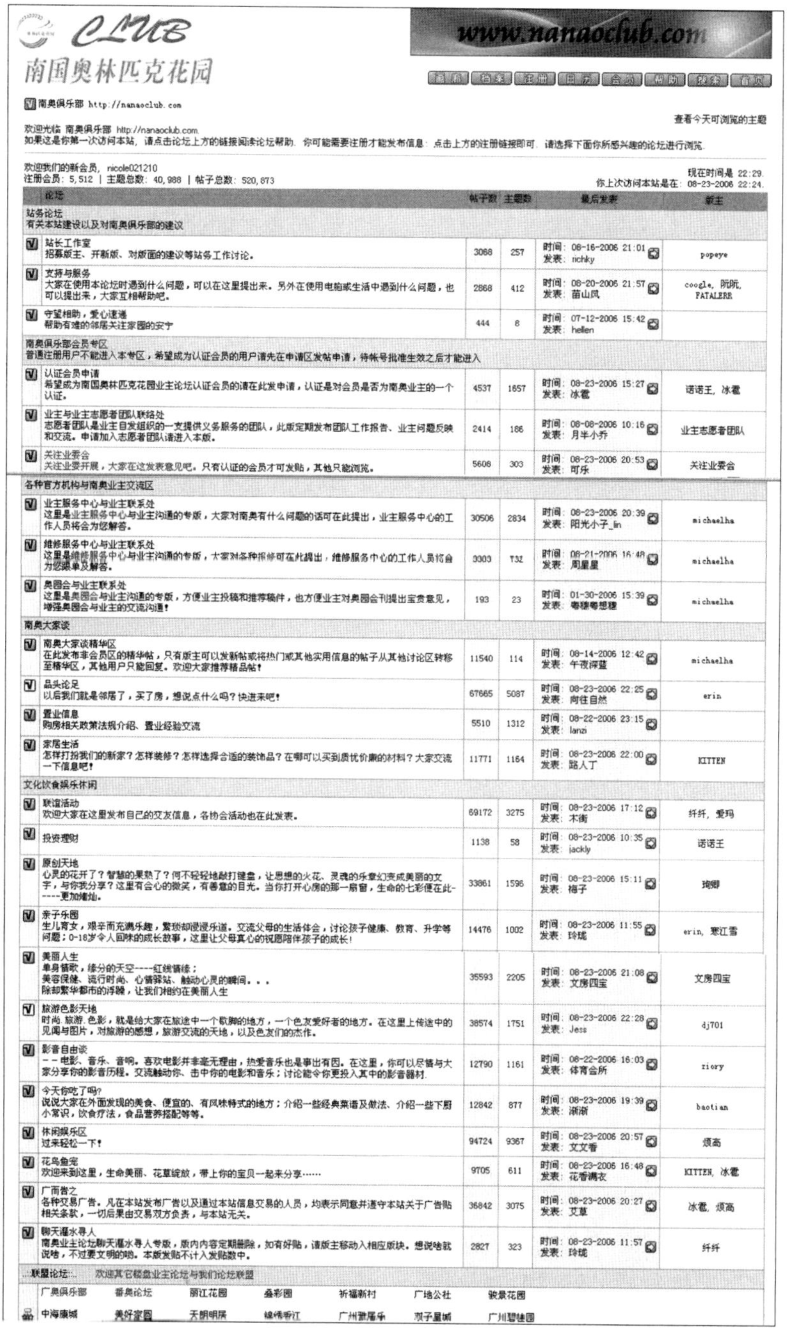

CLUB
南国奥林匹克花园
www.nanaoclub.com

画廊 档案 注册 日历 会员 帮助 搜索 首页

南奥俱乐部 http://nanaoclub.com

查看今天可浏览的主题

欢迎光临 南奥俱乐部 http://nanaoclub.com
如果这是你第一次访问本站，请点击论坛上方的链接阅读论坛帮助．你可能需要注册才能发布信息：点击上方的注册链接即可．请选择下面你所感兴趣的论坛进行浏览．

欢迎我们的新会员，nicole021210
注册会员：5,512 ｜ 主题总数：40,988 ｜ 帖子总数：520,873

现在时间是 22:29.
你上次访问本站是在：08-23-2006 22:24.

| 论坛 | 帖子数 | 主题数 | 最后发表 | 版主 |
|---|---|---|---|---|
| **站务论坛**<br>有关本站建设以及对南奥俱乐部的建议 | | | | |
| 站长工作室<br>招募版主、开新版、对版面的建议等站务工作讨论。 | 3068 | 257 | 时间：08-16-2006 21:01<br>发表：richky | popeye |
| 支持与服务<br>大家在使用本论坛时遇到什么问题，可以在这里提出来。另外在使用电脑或生活中遇到什么问题，也可以提出来，大家互相帮助吧。 | 2868 | 412 | 时间：08-20-2006 21:57<br>发表：苗山风 | coogle，阮阮，FATALERR |
| 守望相助，爱心速递<br>帮助有难的邻居关注家园的安宁 | 444 | 8 | 时间：07-12-2006 15:42<br>发表：hellen | |
| **南奥俱乐部会员专区**<br>普通注册用户不能进入本专区，希望成为认证会员的用户请先在申请区发帖申请，待帐号批准生效之后才能进入 | | | | |
| 认证会员申请<br>希望成为南国奥林匹克花园业主论坛认证会员的请在此发申请，认证是对会员是否为南奥业主的一个认证。 | 4537 | 1657 | 时间：08-23-2006 15:27<br>发表：冰雹 | 诺诺王，冰雹 |
| 业主与业主志愿者团队联络处<br>志愿者团队是业主自发组织的一支提供义务服务的团队，此版定期发布团队工作报告、业主问题反映和交流。申请加入志愿者团队请进入本版。 | 2414 | 186 | 时间：08-08-2006 10:16<br>发表：月半小乔 | 业主志愿者团队 |
| 关注业委会<br>关注业委开展，大家在这发表意见吧。只有认证的会员才可发贴，其他只能浏览。 | 5608 | 303 | 时间：08-23-2006 20:53<br>发表：可乐 | 关注业委会 |
| **各种官方机构与南奥业主交流区** | | | | |
| 业主服务中心与业主联系处<br>这里是业主服务中心与业主沟通的专版，大家对南奥有什么问题的话可在此提出，业主服务中心的工作人员将会为您解答。 | 30506 | 2834 | 时间：08-23-2006 20:39<br>发表：阳光小子_lin | michaelha |
| 维修服务中心与业主联系处<br>这里是维修服务中心与业主沟通的专版，大家对各种报修可在此提出，维修服务中心的工作人员将会为您跟单及解答。 | 3003 | 732 | 时间：08-21-2006 16:48<br>发表：周星星 | michaelha |
| 奥园会与业主联系处<br>这里是奥园会与业主沟通的专版，方便业主投稿和推荐稿件，也方便业主对奥园会刊提出宝贵意见，增强奥园会与业主的交流沟通！ | 193 | 23 | 时间：01-30-2006 15:39<br>发表：粤穗粤想穗 | michaelha |
| **南奥大家谈** | | | | |
| 南奥大家谈精华区<br>在此发布非会员区的精华帖，只有版主可以发新帖或将热门或其他实用信息的帖子从其他讨论区转移至精华区，其他用户只能回复。欢迎大家推荐精品帖！ | 11540 | 114 | 时间：08-14-2006 12:42<br>发表：午夜深蓝 | michaelha |
| 品头论足<br>以后我们就是邻居了，买了房，想说点什么吗？快进来吧！ | 67665 | 5087 | 时间：08-23-2006 22:25<br>发表：向往自然 | erin |
| 置业信息<br>购房相关政策法规介绍、置业经验交流 | 5510 | 1312 | 时间：08-22-2006 23:15<br>发表：lanzi | |
| 家居生活<br>怎样打扮我们的新家？怎样装修？怎样选择合适的装饰品？在哪可以买到质优价廉的材料？大家交流一下信息吧！ | 11771 | 1164 | 时间：08-23-2006 22:00<br>发表：路人丁 | KITTEN |
| **文化饮食娱乐休闲** | | | | |
| 联谊活动<br>欢迎大家在这里发布自己的交友信息，各协会活动也在此发表。 | 69172 | 3275 | 时间：08-23-2006 17:12<br>发表：木衡 | 纤纤，爱玛 |
| 投资理财 | 1138 | 58 | 时间：08-23-2006 10:35<br>发表：jackly | 诺诺王 |
| 原创天地<br>心灵的花开了？智慧的果熟了？何不轻轻地敲打键盘，让思想的火花、灵魂的乐章幻变成美丽的文字，与你我分享？这里有会心的微笑，有善意的目光。当你打开心房的那一扇窗，生命的七彩便在此-----更加璀灿。 | 33861 | 1596 | 时间：08-23-2006 15:11<br>发表：梅子 | 珣卿 |
| 亲子乐园<br>生儿育女，艰辛而充满乐趣，繁琐却浸浸乐道。交流父母的生活体会，讨论孩子健康、教育、升学等问题；0-18岁令人回味的成长故事，这里让父母真心的祝愿陪伴孩子的成长！ | 14476 | 1002 | 时间：08-23-2006 11:55<br>发表：玲珑 | erin，寒江雪 |
| 美丽人生<br>单身情歌，缘分的天空----红线情缘；<br>美容保健、流行时尚、心情驿站、触动心灵的瞬间．．．<br>除却繁华都市的浮躁，让我们相约在美丽人生 | 35593 | 2205 | 时间：08-23-2006 21:08<br>发表：文房四宝 | 文房四宝 |
| 旅游色影天地<br>时尚.旅游.色影，就是给大家在旅途中一个歇脚的地方，一个色友爱好者的地方。在这里上传途中的见闻与图片，对旅游的感想，旅游交流的天地，以及色友们的杰作。 | 38574 | 1751 | 时间：08-23-2006 22:28<br>发表：Jess | dj701 |
| 影音自由谈<br>——电影、音乐、音响。喜欢电影并非毫无理由，热爱音乐也是事出有因。在这里，你可以尽情与大家分享你的影音历程。交流触动你、击中你的电影和音乐；讨论能令你更投入其中的影音器材. | 12790 | 1161 | 时间：08-22-2006 16:03<br>发表：体育会所 | riory |
| 今天你吃了吗?<br>说说大家在外面发现的美食、便宜的、有风味特式的地方；介绍一些经典菜谱及做法、介绍一些下厨小常识，饮食疗法，食品营养搭配等等。 | 12842 | 877 | 时间：08-23-2006 19:39<br>发表：渐渐 | baotian |
| 休闲娱乐区<br>过来轻松一下！ | 94724 | 9367 | 时间：08-23-2006 20:57<br>发表：文文香 | 烦高 |
| 花鸟鱼宠<br>欢迎来到这里，生命美丽、花草绽放，带上你的宝贝一起来分享…… | 9705 | 611 | 时间：08-23-2006 16:48<br>发表：花香满衣 | KITTEN，冰雹 |
| 广而告之<br>各种交易广告。凡在本站发布广告以及通过本站信息交易的人员，均表示同意并遵守本站关于广告贴相关条款，一切后果由交易双方负责，与本站无关。 | 36842 | 3075 | 时间：08-23-2006 20:27<br>发表：艾草 | 冰雹，烦高 |
| 聊天灌水寻人<br>南奥业主论坛聊天灌水寻人专版，版内内容定期删除，如有好贴，请版主移动入相应版块。想说啥就说啥，不过要文明的哟。本版发贴不计入发贴数中。 | 2827 | 323 | 时间：08-23-2006 11:57<br>发表：玲珑 | 纤纤 |

::联盟论坛:: 欢迎其它楼盘业主论坛与我们论坛联盟

广奥俱乐部 番奥论坛 丽江花园 叠彩园 祈福新村 广地公社 骏景花园
中海康城 美好家园 天朗明居 锦绣香江 广州雅居乐 双子星城 广州碧桂园

广州南国奥林匹克花园俱乐部

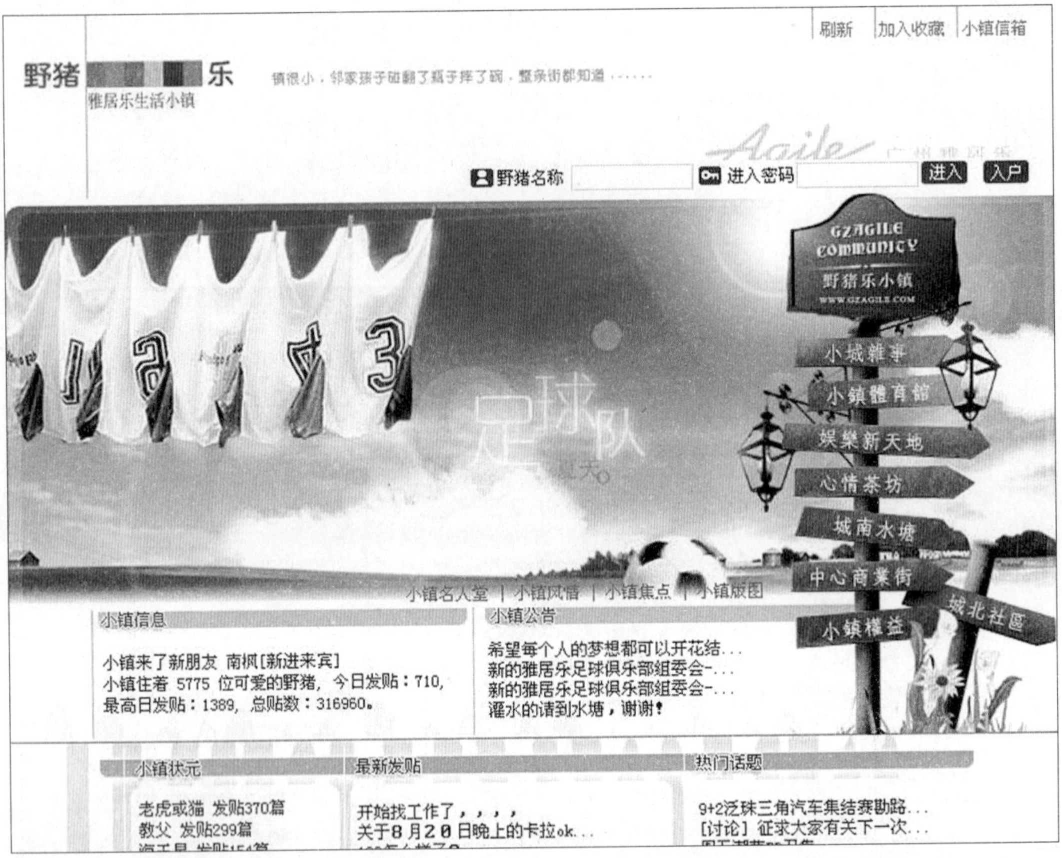

刷新 | 加入收藏 | 小镇信箱

野猪 乐
雅居乐生活小镇
镇很小，邻家孩子砸翻了瓶子摔了碗，整条街都知道……

野猪名称 进入密码 进入 入户

GZAGILE COMMUNITY
野猪乐小镇
WWW.GZAGILE.COM
小城雜事
小镇體育館
娛樂新天地
心情茶坊
城南水塘
中心商業街
城北社區
小镇權益
足球队
夏天。

小镇名人堂 | 小镇风情 | 小镇焦点 | 小镇版图

小镇信息
小镇来了新朋友 南枫[新进来宾]
小镇住着 5775 位可爱的野猪，今日发贴：710，
最高日发贴：1389，总贴数：316960。

小镇公告
希望每个人的梦想都可以开花结...
新的雅居乐足球俱乐部組委会-...
新的雅居乐足球俱乐部組委会-...
灌水的请到水塘，谢谢！

小镇状元
老虎或猫 发贴370篇
教父 发贴299篇

最新发贴
开始找工作了，，，，
关于8月20日晚上的卡拉ok...

热门话题
9+2泛珠三角汽车集结赛勘路...
[讨论] 征求大家有关下一次...

广州雅居乐生活小镇论坛

| 论坛 | 主题 | 帖子 | 最后回复 | 版主 |
|---|---|---|---|---|
| 业主之家 | | | | |
| 业主委员会<br>业主委员会和大家交流的园地，业主维权的进展随时通报 | 506 | 5045 | Re: 欢迎D区老人 - juanwhj | D区业委会 |
| 业主话题<br>邻居们郁闷、高兴、激动、发泄、倡议、聊天的地方，唯一不可以做的只有沉默…… | 532 | 6611 | Re:新世界花园单身 - 海豚 | 我爱我家 |
| 社区之家<br>南湖街道，驻新世界花园社区委员会专版 | 55 | 474 | "4050"人员申请 - 莲心 | 莲心 |
| 业主生活 | | | | |
| 我的爱好<br>琴棋书画，汽车、宠物、美食、我们在这里交流 | 374 | 4436 | 香水有毒 - 24k纯爷们 | wolf2001a |
| 运动旅游<br>生活是多么美好呀?让们共同享受家园邻居这份难得的"缘"，一起去运动 | 360 | 9358 | Re: Re:足球队 - 风影 | ys666 |

沈阳新世界花园业主论坛

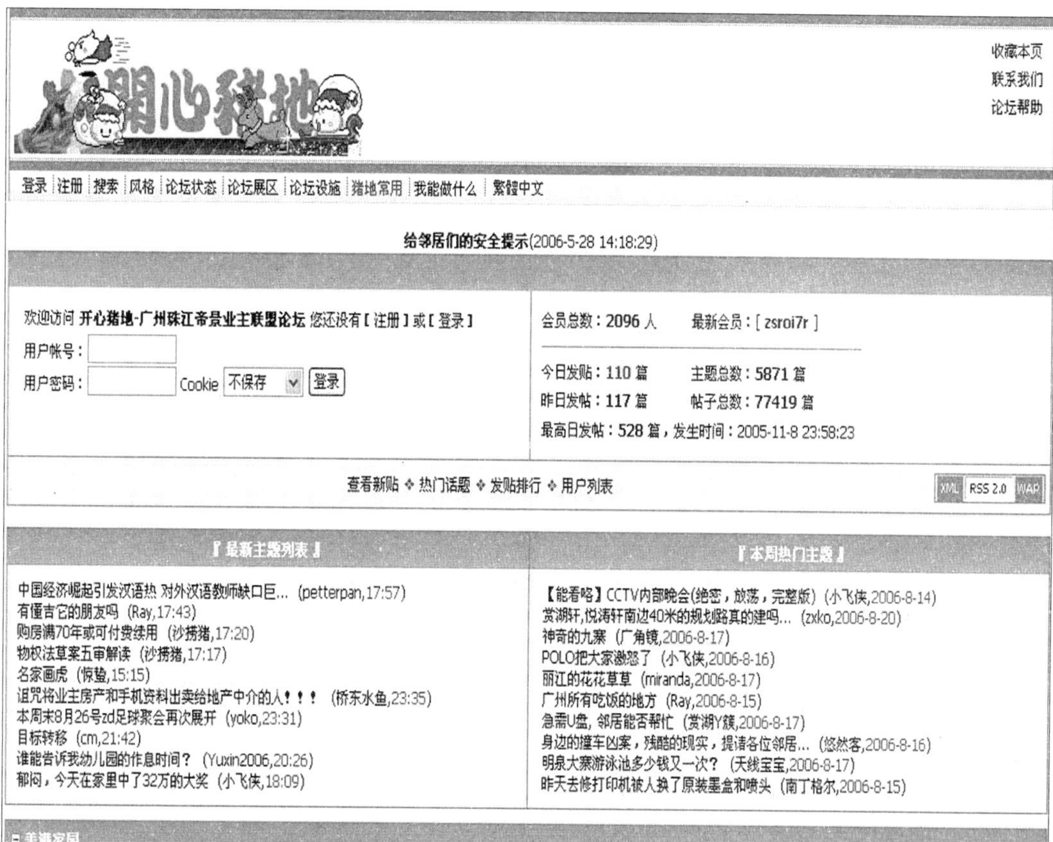

广州珠江帝景苑业主联盟论坛

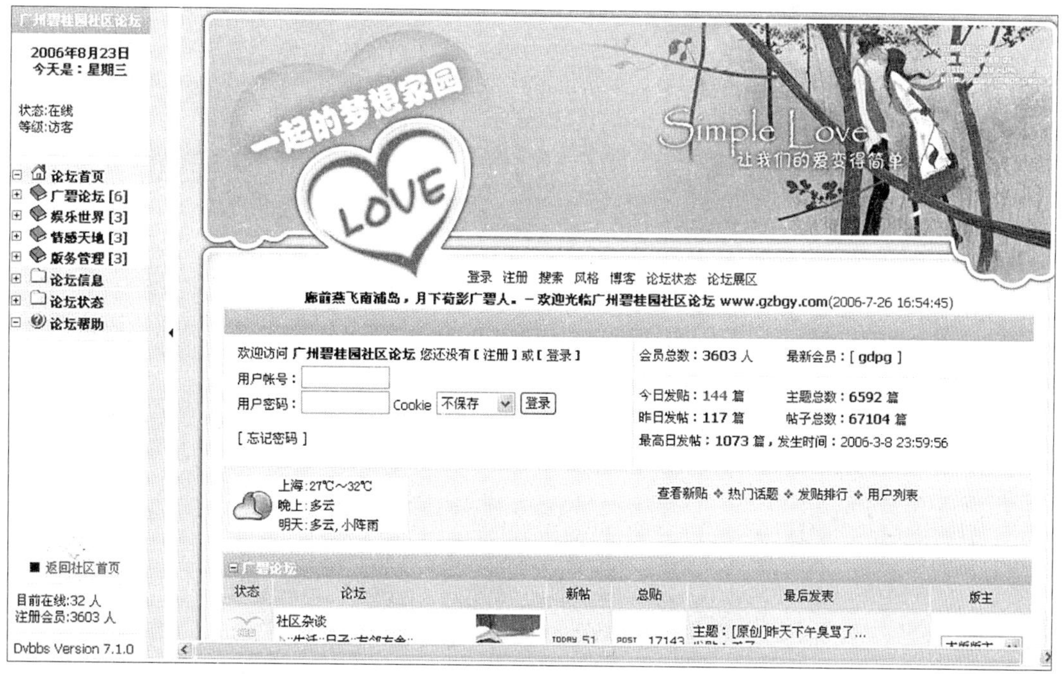

广州碧桂园社区论坛

首 页
新闻中心
新 房
租 房
二手房
业主论坛
业主社区
BBS
谈天说地
业内专栏
别墅
写字楼
商铺
装修家居
业主论坛首页
业主论坛速查
百强论坛榜
个人榜
@社区榜
@焦点房谈
中央别墅区的欧式花园城
80481999
尚東庭
STANDING
共开通4324个论坛
新手入门 版主手册
巧用论坛 说给焦点
积分兑换礼品 正在进行！
2U香花庭
业主论坛速查
位置 选择区县
交通位置
热点居住区
输入社区名称
搜索
北京电子地图
音序检索：A B C D E F G H J K L M N O P Q R S T U W X Y Z
更多楼盘>>
楼下细致的邻居
狗狗的主人们：请栓好您家的狗！
[富力城业主担心些什么] [水龙头流出黑水]
图片：说出您心中的焦点：焦点网之北京
“业主联谊大会”即将举行，欢迎大家报
第二届社区羽毛球联赛全攻略（组图）
康洁杯第二届焦点社区羽毛球联赛昨天已
8月26日焦点装修大学五周年庆典活动暨？
央视焦点网联手征集真实案例 揭开购房？
■■投票选出设计大赛户型蓝本！一切由
举办时间：
2006年8月15日
地点：
中国佛山南庄
华夏陶瓷城
论坛推荐
[更多]
[保利蔷薇] 保利备案受阻，所有业主要回
[北岸·布] 对北岸的一些看法和与周边楼
[东亚·奥] 奥北三期———个赌徒的冒险
[橡树湾] 图片：昨天，搜狐公司有团购
[中海城] 羽毛球运动如期展开，第一次
[北京新天] 大家不要指望1号楼和7号楼了
[珠江御景] 图片：珠江御景周末看房留影
业主论坛今日排行
总排行
论坛名称
帖子数
1.澳洲康都 899
2.北京青年城 789
3.世纪城 674
4.风度柏林 666
5.金地格林小镇 644
6.上海沙龙 470
7.万科青青家园 403
社区专题
树能看房记
限价房全国调查
经济适用房还能走多远
2006京城十佳水景别墅
淘房红宝书
限价房何时浮出水面
限价房大揭秘
70%的人应该租房？
原生墅
69263633


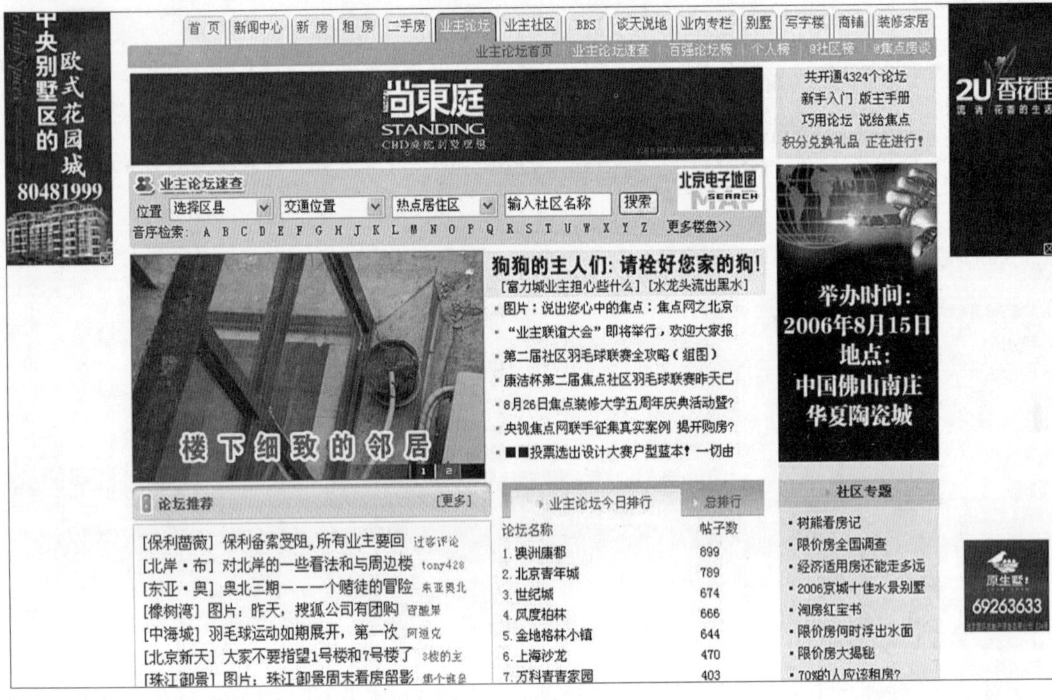

焦点房地产网　业主论坛

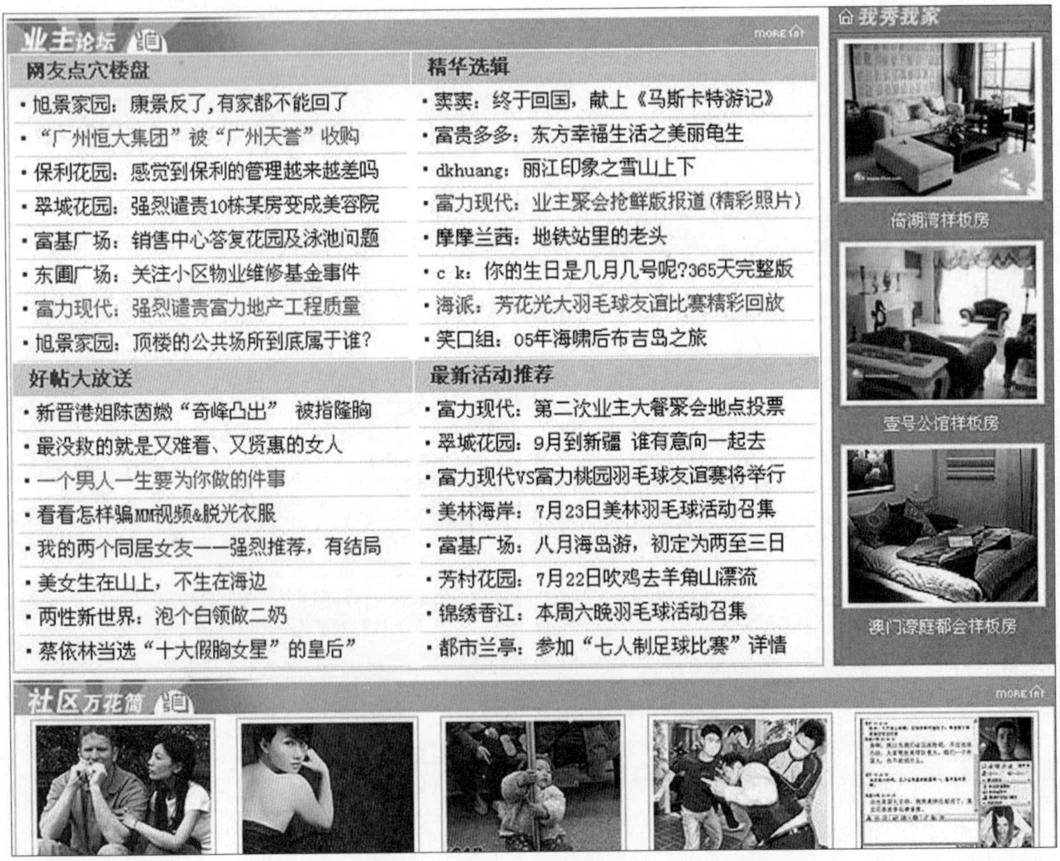

业主论坛
MORE
网友点穴楼盘
旭景家园：康景反了，有家都不能回了
“广州恒大集团”被“广州天誉”收购
保利花园：感觉到保利的管理越来越差吗
翠城花园：强烈谴责10栋某房变成美容院
富基广场：销售中心答复花园及泳池问题
东圃广场：关注小区物业维修基金事件
富力现代：强烈谴责富力地产工程质量
旭景家园：顶楼的公共场所到底属于谁？
精华选辑
实实：终于回国，献上《马斯卡特游记》
富贵多多：东方幸福生活之美丽龟生
dkhuang：丽江印象之雪山上下
富力现代：业主聚会抢鲜版报道（精彩照片）
摩摩兰茜：地铁站里的老头
c k：你的生日是几月几号呢？365天完整版
海派：芳花光大羽毛球友谊比赛精彩回放
笑口组：05年海啸后布吉岛之旅
好帖大放送
新晋港姐陈茵媺“奇峰凸出” 被指隆胸
最没救的就是又难看、又贤惠的女人
一个男人一生要为你做的件事
看看怎样骗MM视频&脱光衣服
我的两个同居女友——强烈推荐，有结局
美女生在山上，不生在海边
两性新世界：泡个白领做二奶
蔡依林当选“十大假胸女星”的皇后”
最新活动推荐
富力现代：第二次业主大餐聚会地点投票
翠城花园：9月到新疆 谁有意向一起去
富力现代VS富力桃园羽毛球友谊赛将举行
美林海岸：7月23日美林羽毛球活动召集
富基广场：八月海岛游，初定为两至三日
芳村花园：7月22日吹鸡去羊角山漂流
锦绣香江：本周六晚羽毛球活动召集
都市兰亭：参加“七人制足球比赛”详情
我秀我家
倚湖湾样板房
壹号公馆样板房
澳门凉庭都会样板房
社区万花筒
MORE


21CN.COM　房地论坛　业主论坛

新浪网　房产频道　业主论坛

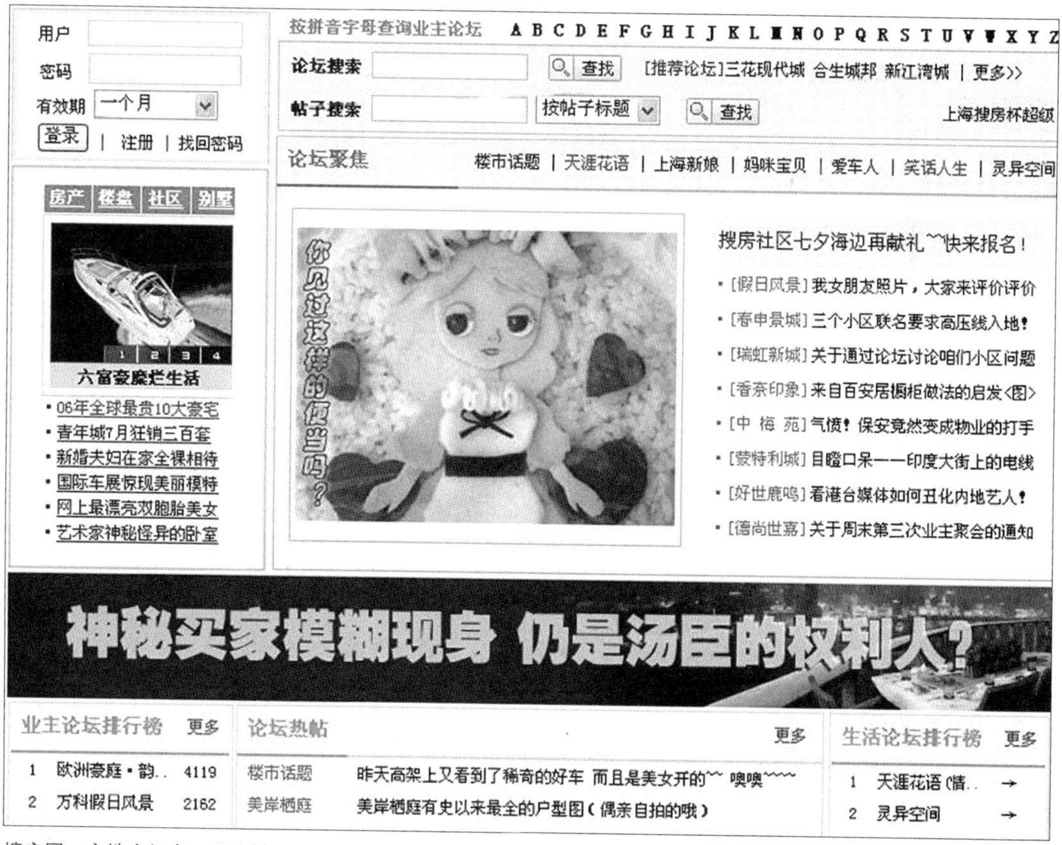

用户　密码　有效期 一个月　登录 | 注册 | 找回密码

按拼音字母查询业主论坛　A B C D E F G H I J K L M N O P Q R S T U V W X Y Z

论坛搜索　查找　[推荐论坛]三花现代城　合生城邦　新江湾城 | 更多>>

帖子搜索　按帖子标题　查找　上海搜房杯超级

论坛聚焦　楼市话题 | 天涯花语 | 上海新娘 | 妈咪宝贝 | 爱车人 | 笑话人生 | 灵异空间

房产　楼盘　社区　别墅

六富豪糜烂生活

- 06年全球最贵10大豪宅
- 青年城7月狂销三百套
- 新婚夫妇在家全裸相待
- 国际车展惊现美丽模特
- 网上最漂亮双胞胎美女
- 艺术家神秘怪异的卧室

你见过这样的便当吗？

搜房社区七夕海边再献礼~~快来报名！

- [假日风景]我女朋友照片，大家来评价评价
- [春申景城]三个小区联名要求高压线入地！
- [瑞虹新城]关于通过论坛讨论咱们小区问题
- [香榭印象]来自百安居橱柜做法的启发<图>
- [中梅苑]气愤！保安竟然变成物业的打手
- [黄特利城]目瞪口呆——印度大街上的电线
- [好世鹿鸣]看港台媒体如何丑化内地艺人！
- [德尚世嘉]关于周末第三次业主聚会的通知

神秘买家模糊现身 仍是汤臣的权利人？

| 业主论坛排行榜 | 更多 | |
|---|---|---|
| 1 | 欧洲豪庭·韵.. | 4119 |
| 2 | 万科假日风景 | 2162 |

| 论坛热帖 | 更多 |
|---|---|
| 楼市话题 | 昨天高架上又看到了稀奇的好车 而且是美女开的~~ 噢噢~~~~ |
| 美岸栖庭 | 美岸栖庭有史以来最全的户型图(偶亲自拍的哦) |

| 生活论坛排行榜 | 更多 |
|---|---|
| 1 | 天涯花语(情.. → |
| 2 | 灵异空间 → |

搜房网　房地产门户　业主社区

# 参考文献


[1] Joseph J.Bannon.Current Issues in Leisure Services: Looking ahead in a Time of Transition.International City Management Association, Washington, D.C., 1987.

[2] Gehl, Jan.Life between Buildings.Van Xostrand Reinhold Company Lnc, New York, 1987.

[3] Norman K.Booth, James E.Hiss.Residential landscape architecture: Design Process for the Private Residence.Prentice Hall, C 1991.

[4] Wilson, E.O.The Diversity of Life.Harvard University Press, Cambridge, 1992.

[5] Iloyd W.Bookout with Michael D.Beyard & Steven W.Fader.Value by Design: Landscape, Site Planning, and Amenities.The Urban Land Institute, 1994.

[6] Cooper, Guy and Taylor, Gordon.Paradise Transformed: The Private Garden for the Twenty-First Century. Monacelli Press, 1996.

[7] John Brookes.The New Garden.Dorling Kindersley Limited, 1998.

[8] James Grayson Trulove.The New American Garden: Innovations in Residential Landscape Architecture: 60 Case Studies.Watson-Guptill Publications, 1998.

[9] Ian H.Thompson Ecology, Community and Delight: An Inquiry into Values in Landscape Architecture.E & FN Spon, 2000.

[10] Monica Turner, R.H.Gardner, R.V.O' Neill.Landscape Ecology in Theory and Practice: Pattern and Process.Springer-Verlag Telos, 2001.

[11] H.M.NELTE.LANDSCHAFTS ARCHITEKTEN Ⅲ Landscape architecture In Germany.Verlag H.M.Nelte, 2003.

[12] Adrienne Schmitz, etc.The New Shape of Suburbia: Trends in Residential Development.Urban Land Institute, 2003.

[13] Steven Kellenberg.Green Communities.Urban Land, May 2003.

[14] Michael J.Crosbie Multi-Family Housing: The Art of Sharing.Images Publishing, 2003.

[15] 同济大学，重庆建筑工程学院，武汉城建学院 合编．城市园林绿地规划．北京：中国建筑工业出版社，1983.

[16] 陈从周．说园．上海：同济大学出版社，1984.

[17] 沈玉麟编．外国城市建设史．北京：中国建筑工业出版社，1989.

[18] 张慧玲 陈嘉芬．台北城市公园之旅．台北市政府新闻处，1990.

[19] I.L. 麦克哈格著，设计结合自然．芮经纬译．北京：中国建筑工业出版社，1992.

[20] 白德懋编著．居住区规划与环境设计．北京：中国建筑工业出版社，1993.

[21] 沈洪 编著 . 种植设计（风景园林专业）. 同济大学建筑城规学院风景园林教研室，1993.
[22] 黄晓鸾编著 . 居住区环境设计 . 北京：中国建筑工业出版社，1994.
[23] 高层民用建筑设计防火规范，1995.
[24] 社区资源手册 . 台湾 · 开拓文教基金会，1996.
[25] 刘滨谊等译 . 图解人类景观 – 环境塑造史论 . 台湾：田园城市文化事业有限公司，1996.
[26] 周俭 编著 . 城市住宅区规划原理 . 上海：同济大学出版社，1999.
[27] 王大钧 撰文 . 方永熙 摄影 . 露地观赏花卉 . 上海：上海科学技术出版社，1999.
[28] 薛聪贤 编著 . 观叶植物 256 种 . 广州：广东科技出版社，1999.
[29] 台湾建筑报导杂志社 编 .2000 台湾景观作品集 . 台北：台湾建筑报导杂志社，2000.
[30] 刘安，赵卓文，傅冠长 著 . 建筑风格与楼盘特色 . 广州：广东省地图出版社，2000.
[31]（德）维勒格编 . 德国景观设计 1、2. 苏柳梅，邓哲 译 . 沈阳：辽宁科学技术出版社，2001.
[32] 黄世孟 . 地景设施 . 大连，沈阳：大连理工大学出版社，辽宁科学技术出版社，2001.
[33]（美）克莱尔 · 库珀 · 马库肆, 卡罗琳 . 弗朗西斯 · 人性场所——城市开放空间设计导则 . 俞孔坚，孙鹏，王志芳 译 . 北京： 中国建筑工业出版社，2001.
[34] 章俊华编 . 居住区景观设计 Ⅰ、Ⅱ、Ⅲ . 北京：中国建筑工业出版社，2001.
[35] 杨松龄编著，居住区园林绿地设计 . 北京：中国林业出版社，2001.
[36] 方咸孚，李海涛编著 . 居住区绿化模式 . 天津：天津大学出版社，2001.
[37] 乐嘉龙，邓建平，余正维主编 . 居住区绿化环境与空间设计图集 . 北京：机械工业出版社，2001.
[38] 王向荣 . 生态与自然的结合——德国景观设计师彼得 · 拉茨的设计理论与实践 . 中国园林，2000,（2）.
[39] 日本 Landscape design 杂志社编 . 日本景观作品精华集 . 刘云俊 译 . 大连，沈阳：大连理工大学出版社，辽宁科学技术出版社，2001.
[40] 日本 Landscape design 杂志社编 . 日本最新景观设计 1、2. 刘云俊 译 . 大连，沈阳：大连理工大学出版社，辽宁科学技术出版社，2001.
[41] 加科 · 布德（Boudet，J.）著 . 人与兽——一部视觉的历史 . 李扬，王珏纯，刘爽 译 . 济南：山东画报出版社，2001.
[42] 上海市住宅发展局，上海市绿化管理局 . 上海市新建住宅环境绿化建设导则，2001.
[43] 聂梅生，秦佑国，江亿，张庆风 编著 . 中国生态住宅技术评估手册 . 北京：中国建筑工业出版社，2001.
[44] 王向荣，张晋石 . 人类与自然共生的舞台——荷兰景观设计师高伊策的设计作品 . 中国园林，2002,（3）.
[45] 杨赉丽，班道明主编 . 居住区物业环境绿化管理 . 北京：中国林业出版社，2002.
[46] 景观设计 1：“住宅小区景观设计” 专题 . 大连：大连理工大学出版社，2002.
[47] 王向荣，林菁 . 西方现代景观设计的理论与实践 . 北京：中国建筑工业出版社，2002.
[48] 顾姚双，姚坚，虞金龙主编 . 住宅绿地空间设计 . 北京：中国林业出版社，2003.
[49] 中国城市规划学会 主编 . 住区规划 . 北京：中国建筑工业出版社，2003.

[50] 刘杰 . 回龙观文化居住区经济适用住宅设计 . 建筑创作，2003，(2).

[51] 清华大学建筑学院万科住区规划研究课题组，万科建筑研究中心 . 万科的主张 . 南京：东南大学出版社，2004.

[52] 万科建筑研究中心 . 万科的作品 . 南京：东南大学出版社，2004.

[53] (美) 美国城市土地协会 编，社区参与：开发商指南 . 马鸿杰，张育南，陈卓奇 译 . 北京：中国建筑工业出版社，2004.

[54] 决策资源 主编 . 最新热销地产项目景观设计全解密 . 广州：暨南大学出版社，2004.

[55] 黄琲斐 编著 . 面向未来的城市规划和设计——可持续城市规划和设计的理论及案例分析 . 北京：中国建筑工业出版社，2004.

[56] 张丰藤 . 我爱绿建筑：健康又环保的生活空间新主张 . 高雄：新自然主义股份有限公司，高雄市政府环境保护局，2004.

[57] 建设部住宅产业化促进中心 . 居住区环境景观设计导则，2005.

[58] (英) 大卫 · 路德林，尼古拉斯 · 福克 . 营造 21 世纪的家园——可持续的城市邻里社区 . 王健，单燕华 译 . 北京：中国建筑工业出版社，2005.

[59] 罗斯玛丽 · 麦克里里 . 水景园 . 倪琪，季湘荣，郑球瑶，谢艳平 译 . 北京：中国建筑工业出版社，2005.

[60] 姚雪艳 . 回归自然的花园——泽 · 园 . 园林，2005，(8).

[61] 国家住宅与居住环境工程技术研究中心 . 居住与健康 . 北京：中国水利水电出版社，2005.

[62] 吕伟娅 . 景观用水与雨水回用实例剖析 . 百年建筑，2005，(10).

[63] (日) 浅见泰司 编著 . 居住环境：评价方法与理论 . 高晓路，等译 . 北京：清华大学出版社，2006.

[64] (日) 山本富雄，松田哲也等 . 向海 · 沿海的景观设计 .LANDSCAPE DESIGN 国际版，2006 年夏季号 (7).

[65] (日) 佐佐木叶二，风环境咨询设计研究所等 . 北大阪公园广场 .LANDSCAPE DESIGN 国际版，2006 年夏季号 (7).

# 结束语

在城市住区景观日新月异的变化过程中，人们不难看出，鲜艳绮丽的外表和气势逼人的规划布局可能会在时间流逝中渐渐失去耀目光泽，但如果住区内“人—人”、“人—植物”、“人—动物”所构筑的互动景观存在，这样的住区将拥有持久的魅力，居民能不断从日常生活中发现住区内引人和感人的景物。所以，随着社会物质文明程度的提高和人们对高品质精神生活的向往，互动景观的设计概念会继续影响未来住区的景观建设，成为与住区可持续发展相应的一种设计指导思想。

虽然本书既提出了住区互动景观规划设计的概念，也阐释了一些有关互动景观规划设计的方法，但笔者认为，本书的主要目的仍是在于提出和倡导一种景观规划设计的理念，而非制定具体、详尽的实施方法或条款。也即是，本书重在提议一种景观规划设计之“道”，而不是景观规划设计之“术”。住区景观规划设计是一项与景观设计、城市规划、建筑学、社会学、艺术创作、工程技术等多学科交叉的事业，设计人员不可能精通各个学科，也不可能为背景条件各异的不同项目制定出统一的工作模式，这时，景观规划设计之“道”将成为相关设计人员共同遵循的行为准绳。

同时，本书的写作目的绝不仅仅是为了促进单个住区的景观建设，互动景观建设不应局限于住区内部环境塑造，而需拓展至住区所依存的城市环境。随着城市精神文明的提升和城市居民素质的提高，现在流行的用铁栏杆或围墙所围合起来的一个个封闭式住区必将转变为与城市环境相融合的开放式住区，住区内部的互动景观也会向住区之间及城市内部扩散，促成互动景观的系统化。只有当城市作为一个整体表现出“人—人”、“人—植物”、“人—动物”融洽共生的和谐景观之时，单个住区的互动景观建设才具备更大意义。而单个住区互动景观建设的优劣，可能成为促进城市整体景观可持续发展的有益单元，也有可能成为损害或妨碍城市住区景观可持续发展的痼疾。因此，如何在住区之间及城市系统层面营建互动景观和高品质生态环境，使城市居民尽可能多地体验与人和动植物轻松、自如交往的情趣，并建立健康的居住观念，也是景观规划设计工作者所面临的共同问题。